JN106593

考える力を育てる

# 天才
# プログラミング
# パズル

「STEM Academy Kids」主宰
西嶋孝文・著

小学校
3年生以上

「考える力」を育てる
Discover
ディスカヴァー

# おうちの方へ

## ■ ついにプログラミング教育が必修化

ご存じのとおり2020年度から小学校、2021年以降に中学・高校にてプログラミング教育が必修化となり、大学入試センター試験に代わって導入される「大学入学共通テスト」にも将来的にプログラミングなどの情報科目が追加される予定となっています。

現在、小学校では「プログラミング的思考※」を身につけるさまざまな取り組みをされています。たとえば、パソコンやタブレットを利用してロボットを動かしたり、ビスケットやスクラッチといったソフトウェアを利用してゲームを作ったり、機器を一切使わずに、カードなどを用いてコンピュータの基本的な仕組みや特徴を考えるアンプラグドというものを使って授業を行っています。

※「プログラミング的思考」…… 自分が意図する一連の活動を実現するために、どのような動きの組み合わせが必要であり、一つ一つの動きに対応した記号を、どのように組み合わせたらいいのか、記号の組み合わせをどのように改善していけば、より意図した活動に近づくのか、といったことを論理的に考えていく力（出典：小学校プログラミング教育の手引／文部科学省）

しかし学年が上がるにつれて、プログラミング教育も高度になり、中学・高校では下記のような本格的な「プログラミング言語」に接する機会が増えてきます。

（例 1）

```
for (i = 0; i < 10; i++) {
      if (i == 5) {
        break;
      }
      print(i);
}
```

（例 2）

```
n =2;
if (n < 5) {
      print("good");
} else {
      print("bad");
}
```

## ■ プログラミングは最初が肝心

このような記号や演算子、変数、if文/条件分岐、関数などが登場し、かつ限られた授業時間のなかでプログラミングに疎い先生が教えることになれば、多くのお子さんがつまずいてしまい、「プログラミングって面白くない……」と苦手意識を持ってしまう子どもが続出しかねません。

私自身、学生時代にはじめてプログラミングの授業を受けたとき、いきなりパソコンを目の前にして左のような文字列を訳もわからず打たせられました。そしてそのときから、「プログラミングって全く楽しくない」と苦手意識を持ってしまい、それからしばらくの間、一切プログラミングに触れようとはしませんでした。

どんなこともそうですが、最初に「苦手意識」を持ってしまうと、ちゃんと学べばとても楽しい教科であっても、なかなかその意識を変えることはできず、やればやるほど悪循環に陥っていくものです。特に**プログラミングには、最初に「苦手意識」を持ちやすい要素が数多く存在するのです。**

## ■「なんとなくの自信」がとても重要

本書のパズルには、本格的にプログラミング言語を学習する際に利用する基本的な記号（演算子、変数、if文／条件分岐、配列、など）の考え方を盛り込んでいるので、お子さんが遊び感覚で解いているうちに自然とそれらの意味を理解することができます。特に、**論理的思考力、問題解決力、集中力、推理力を養い、プログラミング的思考の土台を培うことができます。**

プログラミングパズルを何度も解くうちに、9ページにある「実際のプログラミング言語で記述した命令文の例」のような実際のプログラミング言語が「なんとなく」分かるようになります。すると、**プログラミング言語に対する心理的ハードルを下げる**ことができ、お子さんに**「なんとなくの自信」が芽生える**ようになります。結果、多くのお子さんにとって、プログラミングが「なんとなく」得意科目の1つになると確信しています。
「そろばんをやっていたから、算数・数学がなんとなく得意」という感覚に似ています。

## ■パズルで学んだ考え方は さまざまなかたちで応用できる

実際にプログラミングパズルをはやく正確に解ける子は、もちろん全員が全員ではありませんが、クオリティの高いアプリやゲームなどの作品を制作できる傾向が高いことが分かっています。最近ではあるスクールで、このパズルの出来が、その子のプログラミング能力を推し量る1つの指標となっているそうです。

また小学校で習うことの多い「スクラッチ・プログラミング」などにも、プログラミングパズルに出てくる「演算子、変数、if文／条件分岐、配列」といった考え方をそのまま活用することができるので、学習する際の手助けにもなります。

## ■さいごに

このプログラミングパズルを通じて、少しでも、そして1人でも多くのお子さんがプログラミングに対して興味・関心を持ち、「なんとなくの自信」を培い、「さらにプログラミングを学習していきたい」と思っていただけるきっかけづくりができれば幸いです。

**ご注意**

①プログラミングパズルができることで、すぐに実際のプログラミング言語が書けるようになるわけではありません。

②パズルに記載されている演算子・変数・if文／条件分岐・配列などの中には、実際の使い方とは異なる部分がいくつかございます。これは、パズルをより面白くするためという意図です。あらかじめご了承ください。

③パズルはJavaScriptベースで作られています。

### ◉演算子とは

「演算子」とは、実際のプログラミングで使用する記号のことです。たとえば、+、−、/、*、%、==、>、<、！などの記号があります。プログラミングでは、これらを組み合わせて値の計算や代入、比較などをすることができ、式や命令文を構成していきます。

### ◉変数とは

「変数」とは、文字や数値などの値を入れておくための箱の役割をします。箱に入っている値は自由に出し入れ可能で、変数どうしをたしたり、引いたりすることもできます。**変数の考え方をしっかり理解することが、プログラミングを学ぶうえで非常に重要になります。**

（例）

```
var ▲=10;
var □=5;
```

▲という変数に10、□という変数に5を入れるという意味です。varは「これは変数ですよ」(主にJavaScriptで使用）という宣言をするために利用します。

# パズルを全部解いたら、見てみよう！

**◉実際のプログラミング言語で記述した命令文の例**

パズルを全部解き終わったあとに、もう一度このページを見てみてください。

書いてあるコードの意味がなんとなく分かるようになっていると思います。

（例１）

```
var a = 2;
var b = 3;
a++;
b--;
console.log(a);
console.log(b);
```

//console.log( )とは、ブラウザのコンソールという箇所にメッセージを出力できる関数のことです。簡単に言うと、「( )の中身の結果を画面に表示してね」ということになります。

（JavaScriptで書かれています）

（例２）

```
n = 2;
if (n < 5) {
    console.log("good");
} else {
    console.log("bad");
}
```

（JavaScriptで書かれています）

（例３）

```
a = ["red","green","blue"]

print (a[0])
print (a[2])
```

//print( )とは、文字列や数値などを画面に出力する関数のことです。簡単に言うと、「( )の中身の結果を画面に表示してね」という意味になります。

（Pythonで書かれています）

答え　（例１） 3　2　（例２） "good"　（例３） "red"　"blue"

# 本書の使い方

1. ルールを理解しているかどうかは指導なさる方がチェックしてあげてください。

2. たし算・引き算だけの問題は、1、２年生でも解くことは可能です。とりあえず、できるところまで挑戦して、かけ算・わり算を習ったら続きをさせる方法もあります。

3. 解き方のテクニックは、いろいろあります。しかし、そのテクニックも子どもたち自身が発見することで、何倍もの力になります。このパズルの解き方のテクニックを教え込んでも、あまり意味はありません。本書のパズルは、条件からそれぞれのマスにあてはまる数字を見つける「過程」に大きな意味があります。

4. すぐに解けない問題があれば、そこは飛ばしても結構です。何日か、または何か月かしてもう一度挑戦しようという意欲が出たときに解かせてあげてください。

5. 答え合わせは、なるべく指導なさる方がしてあげてください。答えを見てしまうと、それ以上考えることができなくなります。

6. 解答は巻末にありますが、なるべく答えは見せないでください。巻頭の『記号のヒント』を参照しながら、自分で答えを発見するまで考えさせてください。

7. 難しい問題には著者による解説動画をつけました（QRコードのある問題のみ)。ぜひ、自学自習や問題のさらなる理解に役立ててください。

## プログラミングパズル

# 例題

# 例題

ルールにしたがって、
空いているマスをすべてうめましょう。

var ▲＝　;

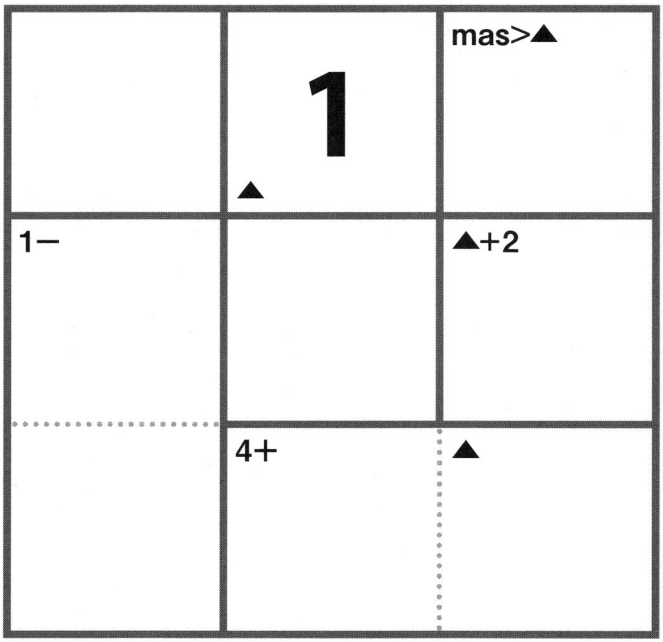


ルール

❶ 四角の中には、たてよこ１～３の数字が入ります。

❷ たてよこで同じ数字が入ってはいけません。

❸ 数字と＋、数字と－は、太線でかこまれたブロックの数の和または差を表します。＊(かけ算)や／(わり算)も同様です。

❹ ▲や○などの記号は「変数」です。
変数は、他のマスに書いてあっても同じ数字を表します。

❺ 分からない記号は、『記号のヒント』のページで調べましょう。

# 例題の解き方

**1** 丸でかこんだ「**1**」のところを見てください。同じマスの左下に「▲」の記号がありますが、このような記号が左下にある場合は、「そのマスの数を▲に入れてね」という意味です（変数の考え方になります）。ですので、▲には**1**が入ります。
四角の点線でかこんだ「var ▲＝　;」は、「変数▲の中に、数字を入れてね」という意味です。▲には１が入ることが分かっていますので、「**var ▲＝1;**」というふうに書いておきましょう。

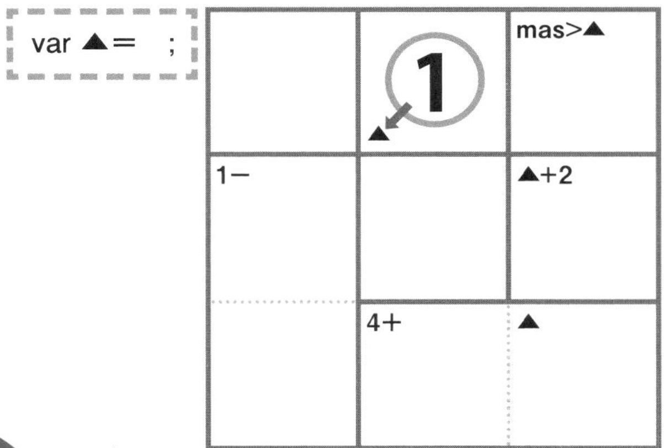


**変数ってなに?**

数を入れておく箱の役割をします。その箱の中に入っている数を使って、たし算、引き算、かけ算、わり算などいろんなことができます。また箱どうしも、たしたり引いたりすることができます。
（例：▲＋１、▲−2、▲＋□、□−▲など……）

こちらを見ると
解き方が
わかりやすいよ！

▶解説動画

**2** 丸でかこんだ「▲」は、「▲の数をそのマスに入れてね」という意味になります。▲には１が入っていますので、このマスには「1」が入ります。

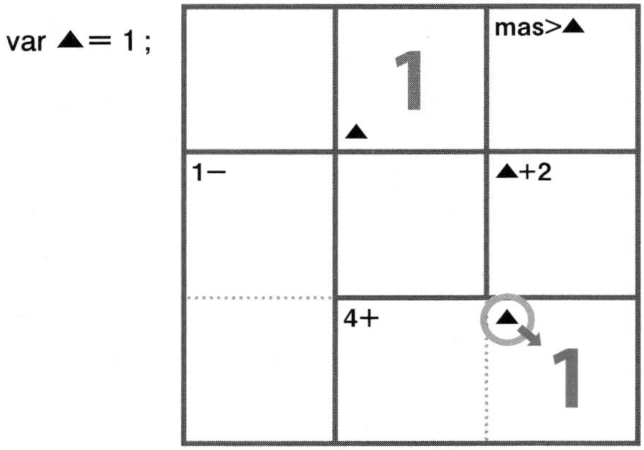


**3** 丸でかこんだ「▲＋２」は、「▲の数に２をたした数を、そのマスに入れてね」という意味になります。▲には１が入っていますので、１＋２＝３となり、このマスには「3」が入ります。

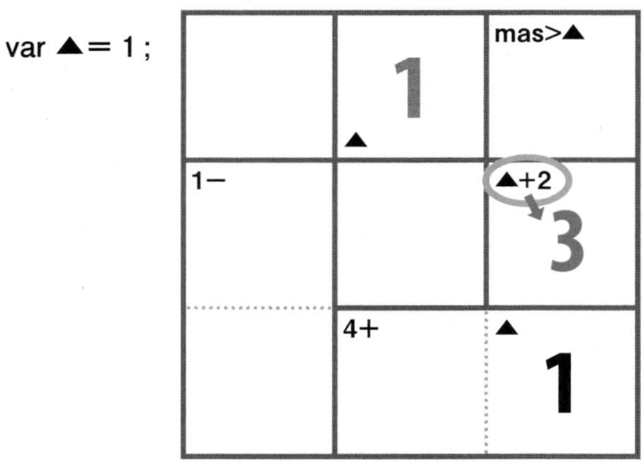

**4** 丸でかこんだ「mas>▲」は、「mas（マスのこと）>（大なり）▲」。つまり、「このマスには、▲の数より大きい数を入れてね」という意味になります。▲には１が入っていますので、このマスには、１より大きい２か３が入ります。ただ、すでに同じ列に３が入っていますので、このマスには「**2**」が入ります。

var ▲＝１;

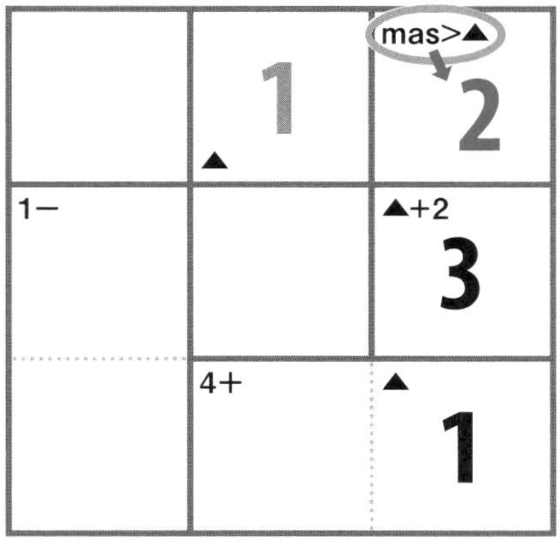


**5** 丸でかこんだ「４+」は、「灰色でぬった隣のマスどうしをたすと、４になる」という意味です。右のマスにはすでに１が入っていますので、空白の左のマスには、３+１＝４ということで、「**3**」が入ります。

var ▲＝１;

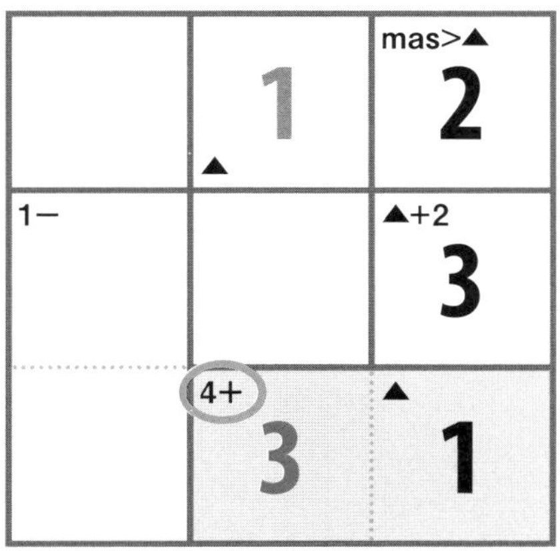

**❻** 丸でかこんだ「1－」は、「灰色でぬったマスどうしで引き算すると、1になる」という意味です。点線のマスは「**2**」であることが分かりますので、空白の上のマスには、1か3のいずれかが入ります。しかし、すでに空白のマスの行には3が入っていますので、ここには「**1**」が入ります。

var ▲＝1;

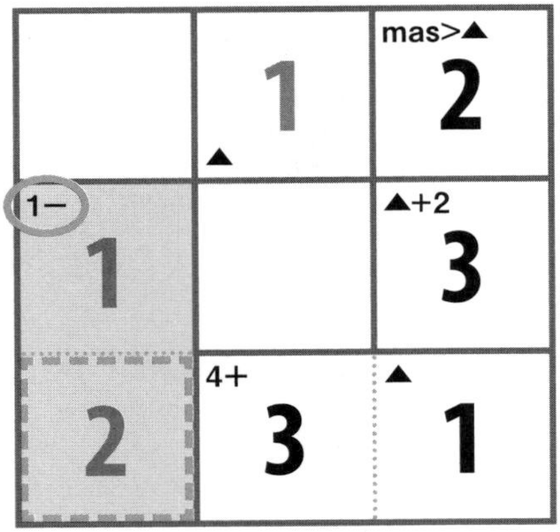


**❼** 最後(さいご)にほかの空白のマスをうめて、完成です。念(ねん)のため、たてとよこの数字を見て、同じ数字が入っている行や列がないことを確認(かくにん)してください。

var ▲＝1;

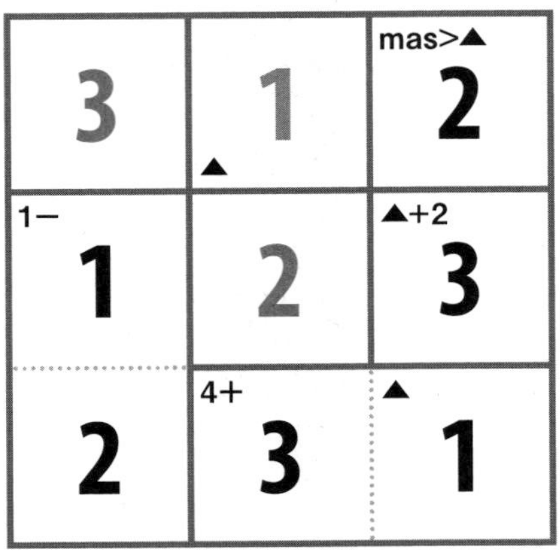

# ルールのおさらい

問題を解きはじめる前に、あらためて5つのルールを確認しましょう。

**ルール1**

3×3マスのときには、たて・よこに1～3までの数字が入ります。数独（ナンプレ）の考え方と同じですね。

難しさがあがるにつれ、マス目の多い問題が出てきますが、たて・よこのマスの数だけ、数字を扱います。4×4のときは1～4までの数字、5×5のときには1～5まで、……といった具合です。

**ルール2**

たて・よこで同じ数字が入ってはいけません。ななめは同じ数字が入ってもかまいません。

**ルール3**

数字と＋、数字と－は、太線でかこまれたブロックの数の和（たした数）または差（引いた数）を表します。 ＊（かけ算）や/（わり算）も同様です。

**ルール4**

○や★などの記号は「変数」です。これらの変数は、ほかのマスに書いてあっても同じ数字を表します。

**ルール5**

分からない記号が出てきたら、必ず最初のページの『記号のヒント』を見て、調べながらパズルを解いていきましょう。

## Contents

## プログラミングパズル

# 初級編

初級
3×3
1

ルールにしたがって、
空いているマスを
すべてうめましょう。

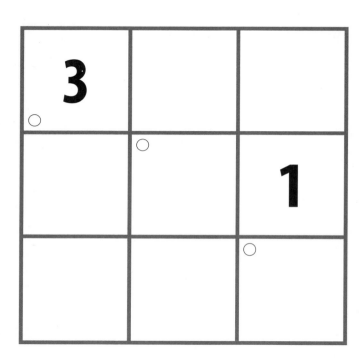

→答えは86ページ

かかった時間を記録しよう！

月　日　分　秒

合格 1分30秒　天才 30秒　超天才 10秒

var ○＝　;

| | | |
|---|---|---|
| 3 ○ | | |
| | ○ | 1 |
| | | ○ |

ルール

❶ 四角の中には、たてよこ１～３の数字が入ります。

❷ たてよこで同じ数字が入ってはいけません。

❸ 数字と＋、数字と－は、太線でかこまれたブロックの数の和または差を表します。＊（かけ算）や／（わり算）も同様です。

❹ ▲や○などの記号は「変数」です。
変数は、他のマスに書いてあっても同じ数字を表します。

❺ 分からない記号は、『記号のヒント』のページで調べましょう。

## 初級 3×3 2

ルールにしたがって、
空いているマスを
すべてうめましょう。

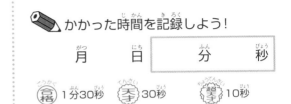

→答えは86ページ

かかった時間を記録しよう！

月　日　分　秒

合格 1分30秒　天才 30秒　超天才 10秒

var ■＝　;

| | | |
|---|---|---|
| ■ | | |
| | | ■ |
| | ■ 1 | 2 |

ルール

❶ 四角の中には、たてよこ１〜３の数字が入ります。

❷ たてよこで同じ数字が入ってはいけません。

❸ 数字と＋、数字と－は、太線でかこまれたブロックの数の和または差を表します。＊（かけ算）や／（わり算）も同様です。

❹ ▲や○などの記号は「変数」です。
変数は、他のマスに書いてあっても同じ数字を表します。

❺ 分からない記号は、『記号のヒント』のページで調べましょう。

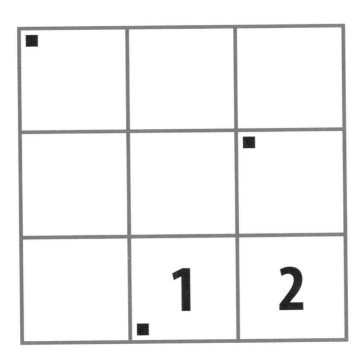

## 初級 3×3 3

ルールにしたがって、
空いているマスを
すべてうめましょう。

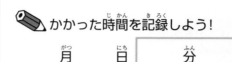

→答えは86ページ

かかった時間を記録しよう！

月　日　分　秒

合格 2分00秒　天才 40秒　超天才 15秒

var ▲＝　;
var ☆＝　;

| | | |
|---|---|---|
| ▲ 2 | ☆ | |
| | | ▲ |
| | | ☆ 1 |

**ルール**

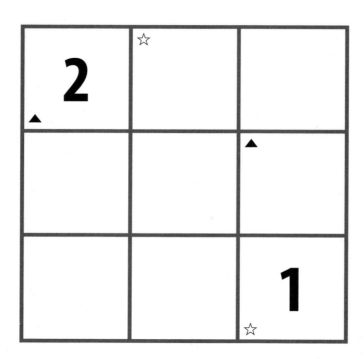

❶ 四角の中には、たてよこ１～３の数字が入ります。
❷ たてよこで同じ数字が入ってはいけません。
❸ 数字と＋、数字と－は、太線でかこまれたブロックの数の和または差を表します。＊（かけ算）や /（わり算）も同様です。
❹ ▲や○などの記号は「変数」です。
変数は、他のマスに書いてあっても同じ数字を表します。
❺ 分からない記号は、『記号のヒント』のページで調べましょう。

## 初級 3×3 4

ルールにしたがって、
空いているマスを
すべてうめましょう。

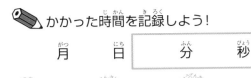

→答えは86ページ

かかった時間を記録しよう！

月　日　分　秒

合格 2分00秒　天才 40秒　超天才 15秒

var ○＝　;

| | | |
|---|---|---|
| 2 (○) | | ○−1 |
| ○+1 | 3+ | |
| | | |

ルール

❶ 四角の中には、たてよこ１〜３の数字が入ります。

❷ たてよこで同じ数字が入ってはいけません。

❸ 数字と＋、数字と−は、太線でかこまれたブロックの数の和または差を表します。＊(かけ算)や / (わり算)も同様です。

❹ ▲や○などの記号は「変数」です。
変数は、他のマスに書いてあっても同じ数字を表します。

❺ 分からない記号は、『記号のヒント』のページで調べましょう。

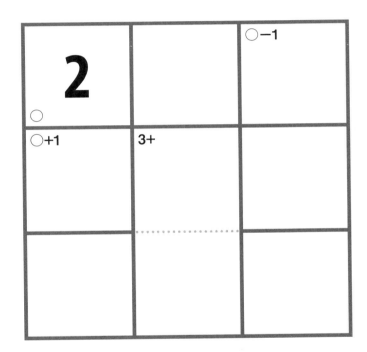

**初級**
**3×3**
**5**

## ルールにしたがって、空いているマスをすべてうめましょう。

→答えは86ページ

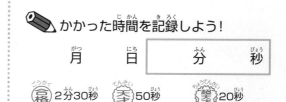

かかった時間を記録しよう！

月　　日　　分　　秒

合格 2分30秒　天才 50秒　超天才 20秒

var □＝　；
var ▲＝　；

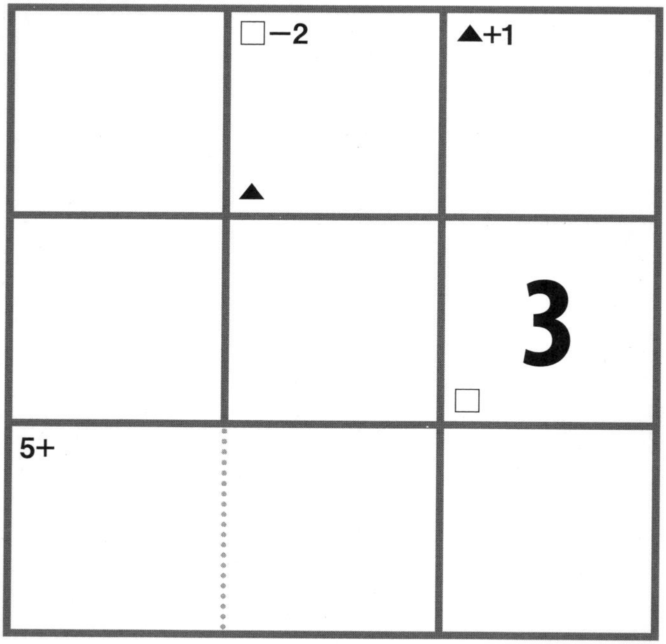


ルール
❶ 四角の中には、たてよこ１～３の数字が入ります。
❷ たてよこで同じ数字が入ってはいけません。
❸ 数字と＋、数字と－は、太線でかこまれたブロックの数の和または差を表します。＊（かけ算）や／（わり算）も同様です。
❹ ▲や○などの記号は「変数」です。変数は、他のマスに書いてあっても同じ数字を表します。
❺ 分からない記号は、『記号のヒント』のページで調べましょう。

## 初級 3×3 6

ルールにしたがって、
空いているマスを
すべてうめましょう。

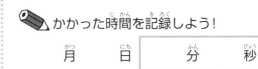

→答えは86ページ

かかった時間を記録しよう！

月　日　分　秒

合格 2分30秒　天才 50秒　超天才 20秒

var ★＝2;

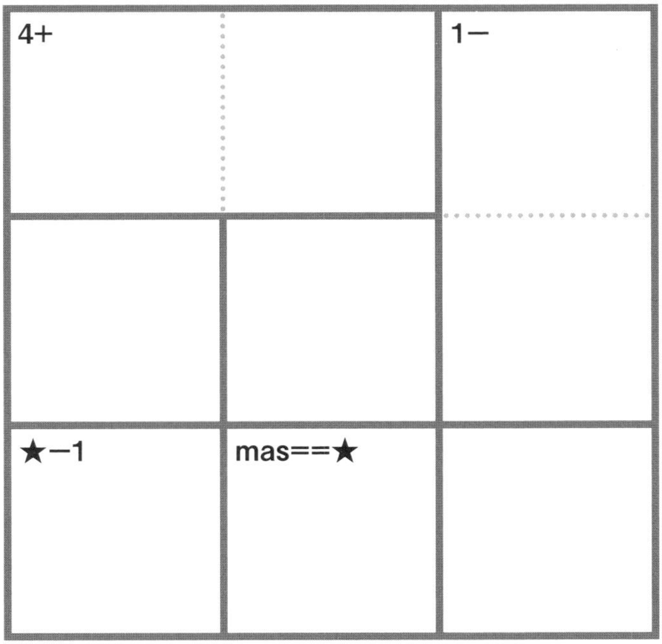


ルール

❶ 四角の中には、たてよこ１～３の数字が入ります。

❷ たてよこで同じ数字が入ってはいけません。

❸ 数字と＋、数字と－は、太線でかこまれたブロックの数の和または差を表します。＊(かけ算)や／(わり算)も同様です。

❹ ▲や○などの記号は「変数」です。
変数は、他のマスに書いてあっても同じ数字を表します。

❺ 分からない記号は、『記号のヒント』のページで調べましょう。

初級
3×3
7

ルールにしたがって、
空いているマスを
すべてうめましょう。

→答えは87ページ

かかった時間を記録しよう!

月　　日　　分　　秒

合格 4分00秒　天才 2分00秒　超天才 1分00秒

var ☆＝2;

| | | |
|---|---|---|
| mas>2 | | mas==☆ |
| 1− | | |
| | 4+ | |

ルール

❶ 四角の中には、たてよこ1～3の数字が入ります。

❷ たてよこで同じ数字が入ってはいけません。

❸ 数字と＋、数字と－は、太線でかこまれたブロックの数の和または差を表します。＊(かけ算)や/(わり算)も同様です。

❹ ▲や○などの記号は「変数」です。
変数は、他のマスに書いてあっても同じ数字を表します。

❺ 分からない記号は、『記号のヒント』のページで調べましょう。

**初級**
**3×3**
**8**

ルールにしたがって、
空いているマスを
すべてうめましょう。

→答えは87ページ

かかった時間を記録しよう!

月　日　分　秒

合格 4分00秒　天才 2分00秒　超天才 1分00秒

var ■＝2;
var ☆＝1;

| | | |
|---|---|---|
| mas<■ | | |
| ■+☆ | | 5+ |
| | | //1ではない |

**ルール**

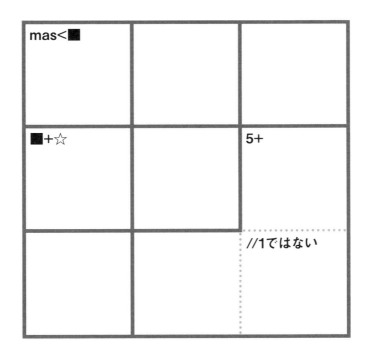

❶ 四角の中には、たてよこ1～3の数字が入ります。

❷ たてよこで同じ数字が入ってはいけません。

❸ 数字と+、数字と−は、太線でかこまれたブロックの数の和または差を表します。*(かけ算)や/(わり算)も同様です。

❹ ▲や○などの記号は「変数」です。
変数は、他のマスに書いてあっても同じ数字を表します。

❺ 分からない記号は、『記号のヒント』のページで調べましょう。

# 初級 3×3 9

ルールにしたがって、
空いているマスを
すべてうめましょう。

→答えは87ページ

かかった時間を記録しよう！

月　日　分　秒

合格 5分00秒　天才 2分30秒　超天才 1分30秒

var ●＝3;
var △＝1;

| | | |
|---|---|---|
| ●−△ | mas<● | //1ではない |
| | 7+ | |
| | mas==● | |

ルール

❶ 四角の中には、たてよこ１～３の数字が入ります。

❷ たてよこで同じ数字が入ってはいけません。

❸ 数字と＋、数字と−は、太線でかこまれたブロックの数の和または差を表します。＊（かけ算）や／（わり算）も同様です。

❹ ▲や○などの記号は「変数」です。
変数は、他のマスに書いてあっても同じ数字を表します。

❺ 分からない記号は、『記号のヒント』のページで調べましょう。

分からなかったら解き方を見よう！

# 初級 3×3 10

ルールにしたがって、
空いているマスを
すべてうめましょう。

→答えは87ページ

かかった時間を記録しよう!

月　日　分　秒

合格 5分00秒　天才 2分30秒　超天才 1分30秒

var ■＝3;
var ☆＝1;

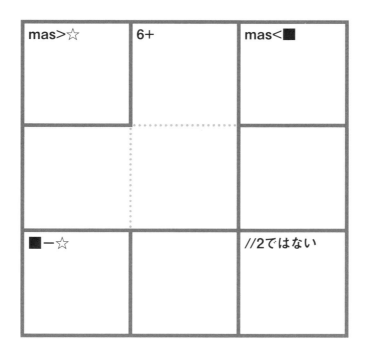

| | | |
|---|---|---|
| mas>☆ | 6+ | mas<■ |
| | | |
| ■ー☆ | | //2ではない |

ルール

❶ 四角の中には、たてよこ1～3の数字が入ります。
❷ たてよこで同じ数字が入ってはいけません。
❸ 数字と＋、数字とーは、太線でかこまれたブロックの数の和または差を表します。＊(かけ算)や/(わり算)も同様です。
❹ ▲や○などの記号は「変数」です。
変数は、他のマスに書いてあっても同じ数字を表します。
❺ 分からない記号は、『記号のヒント』のページで調べましょう。

分からなかったら解き方を見よう！

## 初級 4×4 1

ルールにしたがって、
空いているマスを
すべてうめましょう。

→答えは87ページ

かかった時間を記録しよう！

月　日　分　秒

合格 3分00秒　天才 1分30秒　超天才 30秒

var ★＝　;
var ○＝3;

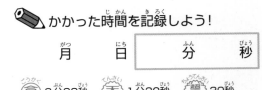

| | | | |
|---|---|---|---|
| 7+ | | | mas<2 |
| | ○−★ | 2 | 1− |
| //3より小さい | 3 | ★−1 | |
| 5+ | | | 2 ★ |

ルール

❶ 四角の中には、たてよこ１～４の数字が入ります。

❷ たてよこで同じ数字が入ってはいけません。

❸ 数字と＋、数字と−は、太線でかこまれたブロックの数の和または差を表します。＊（かけ算）や／（わり算）も同様です。

❹ ▲や○などの記号は「変数」です。
変数は、他のマスに書いてあっても同じ数字を表します。

❺ 分からない記号は、『記号のヒント』のページで調べましょう。

# 初級 4×4 2

ルールにしたがって、
空いているマスを
すべてうめましょう。

→答えは87ページ

かかった時間を記録しよう！

月　日　分　秒

合格 3分00秒　天才 1分30秒　超天才 30秒

var ■＝2;
var △＝　;

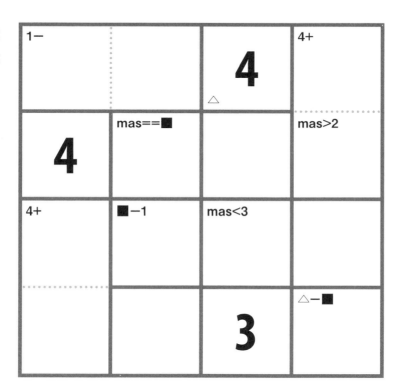

| | | | |
|---|---|---|---|
| 1− | | △ 4 | 4+ |
| 4 | mas==■ | | mas>2 |
| 4+ | ■−1 | mas<3 | |
| | | 3 | △−■ |

**ルール**

❶ 四角の中には、たてよこ１～４の数字が入ります。
❷ たてよこで同じ数字が入ってはいけません。
❸ 数字と＋、数字と－は、太線でかこまれたブロックの数の和または差を表します。＊(かけ算)や／(わり算)も同様です。
❹ ▲や○などの記号は「変数」です。
変数は、他のマスに書いてあっても同じ数字を表します。
❺ 分からない記号は、『記号のヒント』のページで調べましょう。

初級
4×4
3

ルールにしたがって、
空いているマスを
すべてうめましょう。

→答えは88ページ

かかった時間を記録しよう！

月　　日　　分　　秒

合格 4分00秒　天才 2分00秒　超天才 1分00秒

var ●＝　；
var □＝ 1 ;

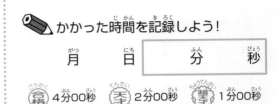

| | | | |
|---|---|---|---|
| 3+ | ● 2 | 1− | ●+2 |
| | | //3ではない | mas<● |
| | mas>2 | 1 | |
| 5+ | mas==□ | 1− | |

ルール

❶ 四角の中には、たてよこ１～４の数字が入ります。

❷ たてよこで同じ数字が入ってはいけません。

❸ 数字と＋、数字と－は、太線でかこまれたブロックの数の和または差を表します。＊(かけ算)や / (わり算)も同様です。

❹ ▲や○などの記号は「変数」です。
変数は、他のマスに書いてあっても同じ数字を表します。

❺ 分からない記号は、『記号のヒント』のページで調べましょう。

**初級 4×4**

# 4

ルールにしたがって、空いているマスをすべてうめましょう。

→答えは88ページ

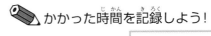

かかった時間を記録しよう！

月　日　分　秒

合格 4分00秒　天才 2分00秒　超天才 1分00秒

```
var ▲＝2;
var ☆＝3;
var ■＝　;
```

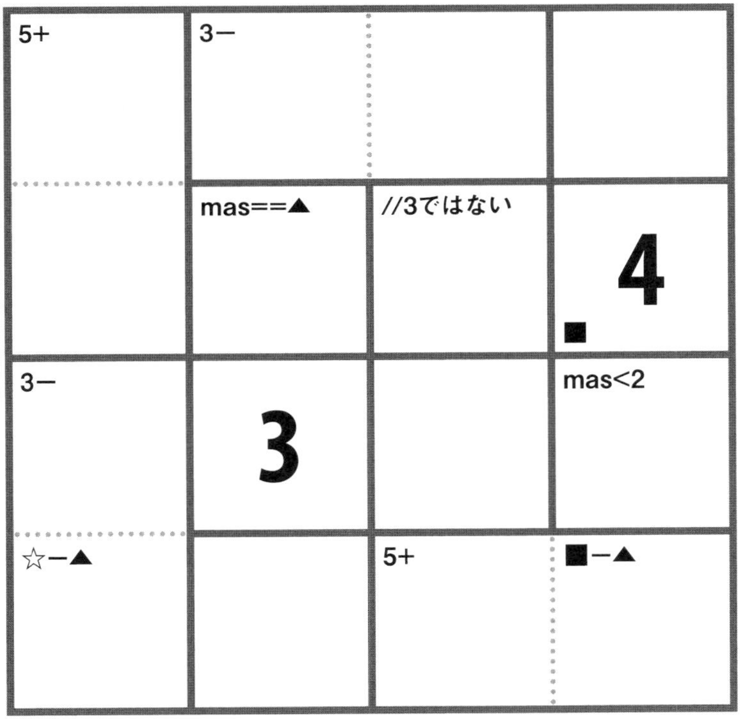


**ルール**

❶ 四角の中には、たてよこ１～４の数字が入ります。

❷ たてよこで同じ数字が入ってはいけません。

❸ 数字と＋、数字と−は、太線でかこまれたブロックの数の和または差を表します。＊（かけ算）や／（わり算）も同様です。

❹ ▲や○などの記号は「変数」です。
変数は、他のマスに書いてあっても同じ数字を表します。

❺ 分からない記号は、『記号のヒント』のページで調べましょう。

# 初級 4×4 5

ルールにしたがって、
空いているマスを
すべてうめましょう。

→答えは88ページ

かかった時間を記録しよう！

月　日　分　秒

合格 4分30秒　天才 2分30秒　超天才 1分30秒

var □＝1；
var ●＝2；
var △＝　；
var ★＝　；

| | | | |
|---|---|---|---|
| 5+ | mas==△ | 2− | mas>● |
| mas>● | | | |
| | 4 | mas<△ | □+● △ |
| 9+ | //1ではない ★ | | ★−1 |

ルール
❶ 四角の中には、たてよこ1～4の数字が入ります。
❷ たてよこで同じ数字が入ってはいけません。
❸ 数字と＋、数字と−は、太線でかこまれたブロックの数の和または差を表します。＊(かけ算)や / (わり算)も同様です。
❹ ▲や○などの記号は「変数」です。
変数は、他のマスに書いてあっても同じ数字を表します。
❺ 分からない記号は、『記号のヒント』のページで調べましょう。

初級
4×4
6

ルールにしたがって、
空いているマスを
すべてうめましょう。

→答えは88ページ

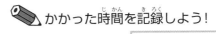

かかった時間を記録しよう！

月　日　分　秒

合格 4分30秒　天才 2分30秒　超天才 1分30秒

var ○＝3；
var ★＝1；
var □＝　；
var ▲＝　；

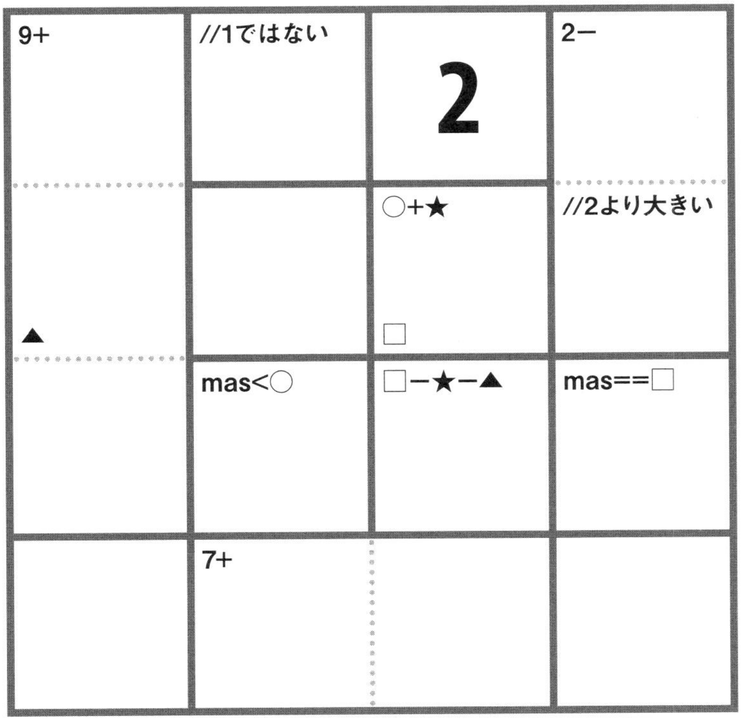


ルール

❶ 四角の中には、たてよこ１～４の数字が入ります。
❷ たてよこで同じ数字が入ってはいけません。
❸ 数字と＋、数字と−は、太線でかこまれたブロックの数の和または差を表します。＊(かけ算)や／(わり算)も同様です。
❹ ▲や○などの記号は「変数」です。
変数は、他のマスに書いてあっても同じ数字を表します。
❺ 分からない記号は、『記号のヒント』のページで調べましょう。

**初級**
**4×4**
**7**

ルールにしたがって、
空いているマスを
すべてうめましょう。

→答えは88ページ

かかった時間を記録しよう！

月　日　分　秒

合格 5分00秒　天才 3分00秒　超天才 2分00秒

var ★＝2；
var □＝1；
var ●＝　；

| | | | |
|---|---|---|---|
| 9+ | | | 6+ |
| □+1 | | //2より大きい | mas==□ |
| | 1 | mas<● | //2より大きい |
| //4ではない | 1− | ★+□ ● | mas>★ |

**ルール**

❶ 四角の中には、たてよこ１～４の数字が入ります。
❷ たてよこで同じ数字が入ってはいけません。
❸ 数字と＋、数字と－は、太線でかこまれたブロックの数の和または差を表します。＊(かけ算)や／(わり算)も同様です。
❹ ▲や○などの記号は「変数」です。
変数は、他のマスに書いてあっても同じ数字を表します。
❺ 分からない記号は、『記号のヒント』のページで調べましょう。

分からなかったら解き方を見よう！

## 初級 4×4 8

ルールにしたがって、空いているマスをすべてうめましょう。

→答えは88ページ

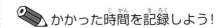

かかった時間を記録しよう！

月　日　分　秒

合格 5分00秒　天才 3分00秒　超天才 2分00秒

var □＝　;
var ●＝3;
var ○＝　;
var ▲＝　;

| | | | |
|---|---|---|---|
| 7+ | ●−▲ | | mas==●<br>□ |
| | //2より大きい | 1− | //2ではない |
| mas<□ | mas<□ | ○ | 4 |
| 8+ | //□とひとしい | ○−▲ | ▲ |

**ルール**

❶ 四角の中には、たてよこ１～４の数字が入ります。
❷ たてよこで同じ数字が入ってはいけません。
❸ 数字と＋、数字と－は、太線でかこまれたブロックの数の和または差を表します。＊(かけ算)や／(わり算)も同様です。
❹ ▲や○などの記号は「変数」です。
変数は、他のマスに書いてあっても同じ数字を表します。
❺ 分からない記号は、『記号のヒント』のページで調べましょう。

分からなかったら解き方を見よう！

**初級**
**4×4**
**9**

ルールにしたがって、
空いているマスを
すべてうめましょう。

→答えは89ページ

かかった時間を記録しよう！

月　日　分　秒

合格 6分00秒　天才 3分30秒　超天才 2分30秒

var □＝1；
var ●＝　；

| | | | |
|---|---|---|---|
| | | | 8+ |
| 1− | 4 | | mas>2 |
| □+1 | //3ではない | 6+ | //3ではない |
| mas>● | mas<4 | | ● |

ルール

❶ 四角の中には、たてよこ１～４の数字が入ります。
❷ たてよこで同じ数字が入ってはいけません。
❸ 数字と＋、数字と－は、太線でかこまれたブロックの数の和または差を表します。＊(かけ算)や／(わり算)も同様です。
❹ ▲や○などの記号は「変数」です。
変数は、他のマスに書いてあっても同じ数字を表します。
❺ 分からない記号は、『記号のヒント』のページで調べましょう。

分からなかったら解き方を見よう！

# 初級（しょきゅう） 4×4 10

ルールにしたがって、
空いているマスを
すべてうめましょう。

→答（こた）えは89ページ

かかった時間（じかん）を記録（きろく）しよう！

月（がつ）　日（にち）　分（ふん）　秒（びょう）

合格（ごうかく） 6分00秒　天才（てんさい） 3分30秒　超天才（ちょうてんさい） 2分30秒

var ☆＝2;
var ▲＝　;

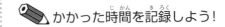

| | | | |
|---|---|---|---|
| 8+ | mas>☆ | | 6+ |
| //2より大きい | | ☆+2 | mas==▲ |
| 7+ | 3 | //2ではない | |
| | ▲ | //2ではない | |

**ルール**

❶ 四角の中には、たてよこ１～４の数字が入ります。
❷ たてよこで同じ数字が入ってはいけません。
❸ 数字と＋、数字と－は、太線でかこまれたブロックの数の和または差を表します。＊（かけ算）や／（わり算）も同様です。
❹ ▲や○などの記号は「変数（へんすう）」です。
変数は、他のマスに書いてあっても同じ数字を表します。
❺ 分からない記号は、『記号のヒント』のページで調べましょう。

分からなかったら解き方を見よう！

次は
中級編だよ

プログラミングパズル

# 中級編

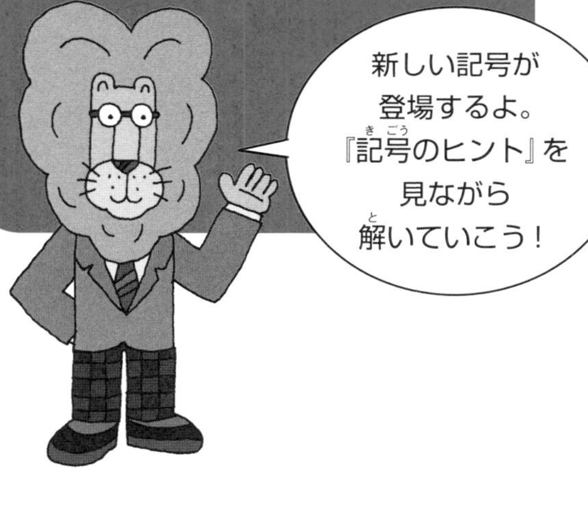

新しい記号が
登場するよ。
『記号のヒント』を
見ながら
解いていこう！

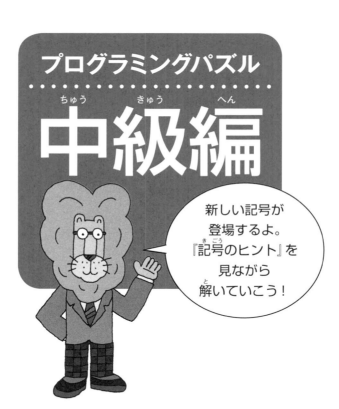

中級（ちゅうきゅう）
5×5
1

ルールにしたがって、
空いているマスを
すべてうめましょう。

→答（こた）えは89ページ

かかった時間（じかん）を記録（きろく）しよう！

月（がつ）　日（にち）　分（ふん）　秒（びょう）

合格（ごうかく） 8分00秒　天才（てんさい） 6分00秒　超天才（ちょうてんさい） 3分00秒

var ■＝3;
var ○＝4;
var ▲＝null;

| | | | | |
|---|---|---|---|---|
| 8+ | | 5 | 5+ | ○−■ |
| | 3 | mas==▲ | | ■++ |
| ■−▲ | 20* | | 3* | |
| mas>■ | ▲ 1 | | mas<4 | 3− |
| 4/ | | ○−− | | |

ルール
❶ 四角の中には、たてよこ1～5の数字が入ります。
❷ たてよこで同じ数字が入ってはいけません。
❸ 数字と＋、数字と−は、太線でかこまれたブロックの数の和または差を表します。＊（かけ算）や／（わり算）も同様です。
❹ ▲や○などの記号は「変数（へんすう）」です。
変数は、他のマスに書いてあっても同じ数字を表します。
❺ 分からない記号は、『記号のヒント』のページで調べましょう。

中級
5×5
2

ルールにしたがって、
空いているマスを
すべてうめましょう。

→答えは89ページ

かかった時間を記録しよう！

月　日　分　秒

合格 8分00秒　天才 6分00秒　超天才 3分00秒

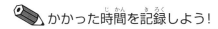

var ●＝null;
var □＝2;
var ★＝1;

| | | | | |
|---|---|---|---|---|
| 1− | | □+★ | 2/ | |
| 4 | 15* | □−− | | |
| ★++ ● | | mas>=4 | 12* | 1 |
| 4+ | mas==● | 5 | | mas<=3 |
| | ●−★ | mas<3 | 1− | |

ルール

❶ 四角の中には、たてよこ1～5の数字が入ります。

❷ たてよこで同じ数字が入ってはいけません。

❸ 数字と＋、数字と−は、太線でかこまれたブロックの数の和または差を表します。＊(かけ算)や/(わり算)も同様です。

❹ ▲や○などの記号は「変数」です。
変数は、他のマスに書いてあっても同じ数字を表します。

❺ 分からない記号は、『記号のヒント』のページで調べましょう。

## 中級 5×5 3

ルールにしたがって、空いているマスをすべてうめましょう。

→答えは89ページ

かかった時間を記録しよう!

月　日　分　秒

合格 9分00秒　天才 6分30秒　超天才 3分30秒

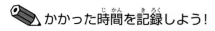

var ○＝2;
var ▲＝1;
var □＝3;
var ●＝null;

| | | | | |
|---|---|---|---|---|
| 9+ | ○−− | | 5+ | |
| | 1− | | 3/ | |
| □−○ | mas!=3 | 5 | | ▲++ |
| ● | ○+▲ | | mas>=□ | 4* |
| 3 | 7+ | | ●*2 | ○−▲ |

ルール

❶ 四角の中には、たてよこ1〜5の数字が入ります。

❷ たてよこで同じ数字が入ってはいけません。

❸ 数字と+、数字と−は、太線でかこまれたブロックの数の和または差を表します。*(かけ算)や/(わり算)も同様です。

❹ ▲や○などの記号は「変数」です。
変数は、他のマスに書いてあっても同じ数字を表します。

❺ 分からない記号は、『記号のヒント』のページで調べましょう。

## 中級 5×5 4

ルールにしたがって、
空いているマスを
すべてうめましょう。

→答えは89ページ

かかった時間を記録しよう！

月　日　分　秒

合格 9分00秒　天才 6分30秒　超天才 3分30秒

var ★＝null;
var ○＝3;
var ▲＝null;
var □＝1;
var ●＝null;

| | | | | |
|---|---|---|---|---|
| mas!=3 | ★ | 10＊ | | ○+□ ● |
| 2 | 7+ | | ○++ | ★＊▲ |
| mas>3 | | 2− | | ●++ |
| 8+ | mas<=3 ▲ | 2/ | 3 | |
| | mas==● | | 4− | mas<★ |

**ルール**

❶ 四角の中には、たてよこ1～5の数字が入ります。
❷ たてよこで同じ数字が入ってはいけません。
❸ 数字と＋、数字と－は、太線でかこまれたブロックの数の和または差を表します。＊(かけ算)や/(わり算)も同様です。
❹ ▲や○などの記号は「変数」です。変数は、他のマスに書いてあっても同じ数字を表します。
❺ 分からない記号は、『記号のヒント』のページで調べましょう。

# 中級 5×5 5

ルールにしたがって、空いているマスをすべてうめましょう。

→答えは90ページ

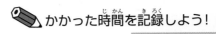

かかった時間を記録しよう！

月　日　分　秒

合格 9分30秒　天才 7分00秒　超天才 4分00秒

```
var ○＝3;
var ★＝2;
var △＝null;
var ■＝null;
```

| | | | | |
|---|---|---|---|---|
| 8* | ■ | ■++ | 4+ | |
| △ | 3 | 3− | mas!=1 | 2/ |
| | 3− | ★++ | 1 | |
| mas!=5 | ○−− | mas==○−★ | | ○+★ |
| mas>=■ | | 9+ | ★*△ | ★<mas<4 |

ルール

❶ 四角の中には、たてよこ１～５の数字が入ります。

❷ たてよこで同じ数字が入ってはいけません。

❸ 数字と＋、数字と－は、太線でかこまれたブロックの数の和または差を表します。*（かけ算）や/（わり算）も同様です。

❹ ▲や○などの記号は「変数」です。
変数は、他のマスに書いてあっても同じ数字を表します。

❺ 分からない記号は、『記号のヒント』のページで調べましょう。

# 中級 5×5 6

ルールにしたがって、
空いているマスを
すべてうめましょう。

→答えは90ページ

かかった時間を記録しよう！

月　日　分　秒

合格 9分30秒　天才 7分00秒　超天才 4分00秒

var ★＝１;
var △＝３;
var ●＝null;
var □＝null;

| | | | | |
|---|---|---|---|---|
| ● | 5+ | 2/ | | 9+ |
| mas!=5 □ | | | mas!=5 | ★++ |
| 24* | mas>=△ | 2 | mas==□ | |
| | 1− | | ●*★ | 5* |
| △−★ | 3 | mas<△ | ★+△ | mas!=1 |

ルール
❶ 四角の中には、たてよこ１～５の数字が入ります。
❷ たてよこで同じ数字が入ってはいけません。
❸ 数字と＋、数字と－は、太線でかこまれたブロックの数の和または差を表します。＊（かけ算）や／（わり算）も同様です。
❹ ▲や○などの記号は「変数」です。変数は、他のマスに書いてあっても同じ数字を表します。
❺ 分からない記号は、『記号のヒント』のページで調べましょう。

## 中級 5×5 7

ルールにしたがって、
空いているマスを
すべてうめましょう。

→答えは90ページ

かかった時間を記録しよう！

月　日　分　秒

合格 10分00秒　天才 7分30秒　超天才 4分30秒

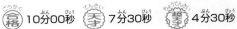

var ●＝3;
var ☆＝2;
var ■＝null;

| | | | | |
|---|---|---|---|---|
| 2/ | mas==☆ | 5 | | 7+ |
| 15* | 3− | mas<● | mas<=☆ | ☆*2 |
| | ■−− | 7+ | ●+☆ | |
| ●<mas<=■ | | | | 3 |
| 6* | ■−☆ | | mas>=3 | ■ |

ルール

❶ 四角の中には、たてよこ1～5の数字が入ります。
❷ たてよこで同じ数字が入ってはいけません。
❸ 数字と＋、数字と－は、太線でかこまれたブロックの数の和または差を表します。＊(かけ算)や/(わり算)も同様です。
❹ ▲や○などの記号は「変数」です。
変数は、他のマスに書いてあっても同じ数字を表します。
❺ 分からない記号は、『記号のヒント』のページで調べましょう。

分からなかったら解き方を見よう！

**中級**
**5×5**
**8**

ルールにしたがって、
空いているマスを
すべてうめましょう。

→答えは90ページ

かかった時間を記録しよう！

月　日　分　秒

合格 10分00秒　天才 7分30秒　超天才 4分30秒

var ★＝1；
var △＝3；
var ●＝null;

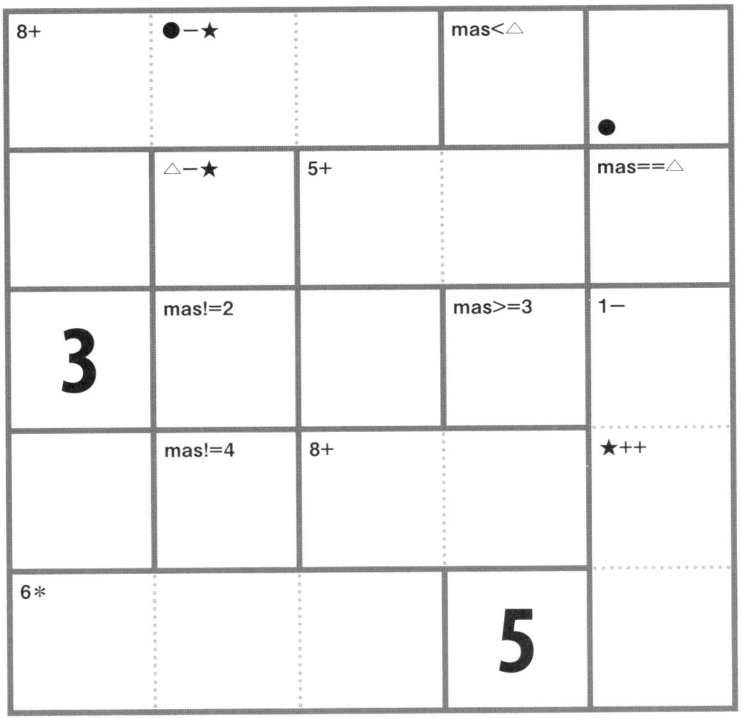


ルール

❶ 四角の中には、たてよこ１～５の数字が入ります。
❷ たてよこで同じ数字が入ってはいけません。
❸ 数字と＋、数字と－は、太線でかこまれたブロックの数の和または差を表します。＊（かけ算）や／（わり算）も同様です。
❹ ▲や○などの記号は「変数」です。
変数は、他のマスに書いてあっても同じ数字を表します。
❺ 分からない記号は、『記号のヒント』のページで調べましょう。

分からなかったら
解き方を見よう！

## 中級 5×5 9

ルールにしたがって、
空いているマスを
すべてうめましょう。

→答えは90ページ

かかった時間を記録しよう！

月　日　分　秒

合格 11分00秒　天才 8分00秒　超天才 5分00秒

```
var ■＝3;
var △＝2;
var ●＝null;
```

| | | | | |
|---|---|---|---|---|
| 7+ | mas==■ | 0− | | ■−△ |
| mas!=2 | mas!=2 | | | △++ |
| | mas<● | 1<mas<=■ | ●/△ | |
| mas>=■ | | 4 | mas<=△ | 24＊ |
| 10＊ | | mas!=5 | mas!=4 | ● |

**ルール**

❶ 四角の中には、たてよこ1～5の数字が入ります。
❷ たてよこで同じ数字が入ってはいけません。
❸ 数字と＋、数字と－は、太線でかこまれたブロックの数の和または差を表します。＊(かけ算)や／(わり算)も同様です。
❹ ▲や○などの記号は「変数」です。
変数は、他のマスに書いてあっても同じ数字を表します。
❺ 分からない記号は、『記号のヒント』のページで調べましょう。

分からなかったら解き方を見よう！

# 中級 5×5 10

ルールにしたがって、
空いているマスを
すべてうめましょう。

→答えは90ページ

かかった時間を記録しよう！

月　日　分　秒

合格 11分00秒　天才 8分00秒　超天才 5分00秒

var ●＝1;
var □＝3;
var ★＝null;

| | | | | |
|---|---|---|---|---|
| mas>=★ | ●*□ | | □−− | 8* |
| mas==□ | 2− | mas!=1 | | ★ |
| 2/ | ●++ | | | 30* |
| 1 | ●+□ | ●<mas<=□ | | mas!=3 |
| 8+ | mas!=2 | | mas>=4 | |

ルール

❶ 四角の中には、たてよこ1～5の数字が入ります。
❷ たてよこで同じ数字が入ってはいけません。
❸ 数字と＋、数字と－は、太線でかこまれたブロックの数の和または差を表します。＊(かけ算)や/(わり算)も同様です。
❹ ▲や○などの記号は「変数」です。
変数は、他のマスに書いてあっても同じ数字を表します。
❺ 分からない記号は、『記号のヒント』のページで調べましょう。

分からなかったら解き方を見よう！

中級
ちゅうきゅう
6×6
1

ルールにしたがって、
空いているマスを
すべてうめましょう。

→答えは91ページ

かかった時間を記録しよう！

月　日　分　秒

合格 11分00秒　天才 9分00秒　超天才 3分30秒

var ■＝3;
var ○＝2;
var ★＝6;
var △＝null;

| | | | | | |
|---|---|---|---|---|---|
| 5/ | 4+ | | 2 | ■*○ | |
| | | ■++ | 3/ | | mas>=△ |
| 3 | mas>4 | 5− | mas==△ | 1 | 12* |
| 2− | △ 4 | | | △+1 | |
| ★−○ | | ★/■ | 5 | mas!=4 | ○−− |
| mas!=5 | 7+ | | ■−○ | 12* | ○++ |

ルール

❶ 四角の中には、たてよこ１～６の数字が入ります。
❷ たてよこで同じ数字が入ってはいけません。
❸ 数字と＋、数字と－は、太線でかこまれたブロックの数の和または差を表します。＊(かけ算)や/(わり算)も同様です。
❹ ▲や○などの記号は「変数」です。
変数は、他のマスに書いてあっても同じ数字を表します。
❺ 分からない記号は、『記号のヒント』のページで調べましょう。

**中級**
**6×6**
**2**

ルールにしたがって、
空いているマスを
すべてうめましょう。

→答えは91ページ

かかった時間を記録しよう！

月　日　分　秒

合格 11分00秒　天才 9分00秒　超天才 3分30秒

var ★＝１;
var □＝３;
var ●＝null;
var △＝６;
var ■＝null;

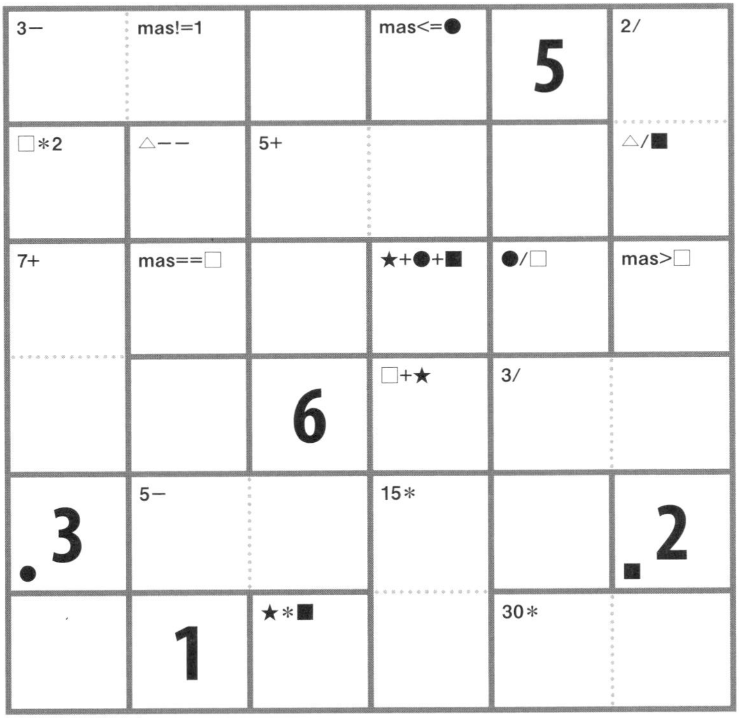


**ルール**

❶ 四角の中には、たてよこ１～６の数字が入ります。

❷ たてよこで同じ数字が入ってはいけません。

❸ 数字と＋、数字と−は、太線でかこまれたブロックの数の和または差を表します。*（かけ算）や /（わり算）も同様です。

❹ ▲や○などの記号は「変数」です。
変数は、他のマスに書いてあっても同じ数字を表します。

❺ 分からない記号は、『記号のヒント』のページで調べましょう。

中級(ちゅうきゅう)
6×6
3

ルールにしたがって、
空いているマスを
すべてうめましょう。

→答(こた)えは91ページ

かかった時間(じかん)を記録(きろく)しよう！

月(がつ)　日(にち)　分(ふん)　秒(びょう)

合格(ごうかく) 13分00秒　天才(てんさい) 10分00秒　超天才(ちょうてんさい) 4分00秒

var ☆＝2；
var ●＝1；
var □＝3；
var ▲＝null;
var ○＝null;

<table>
<tr><td>6+</td><td>5</td><td></td><td>mas<=□</td><td></td><td>30*</td></tr>
<tr><td></td><td>☆++</td><td>6/</td><td>2</td><td></td><td></td></tr>
<tr><td></td><td>☆/○</td><td></td><td>mas==▲</td><td>2||4</td><td>2</td></tr>
<tr><td>5−</td><td>2||6</td><td>5</td><td>2/</td><td></td><td>12*</td></tr>
<tr><td></td><td>●<mas<=□</td><td></td><td>☆−●</td><td>mas>4</td><td></td></tr>
<tr><td>▲</td><td>6+</td><td>○</td><td>3−</td><td></td><td>mas<=○</td></tr>
</table>

ルール

❶ 四角の中には、たてよこ１～６の数字が入ります。
❷ たてよこで同じ数字が入ってはいけません。
❸ 数字と＋、数字と－は、太線でかこまれたブロックの数の和または差を表します。＊(かけ算)や／(わり算)も同様です。
❹ ▲や○などの記号は「変数(へんすう)」です。
変数は、他のマスに書いてあっても同じ数字を表します。
❺ 分からない記号は、『記号のヒント』のページで調べましょう。

## ちゅうきゅう 中級 6×6 4

ルールにしたがって、空いているマスをすべてうめましょう。

→答えは91ページ

かかった時間を記録しよう！

月　日　分　秒

合格 13分00秒　天才 10分00秒　超天才 4分00秒

var ○＝3;
var ★＝2;
var □＝4;
var ●＝null;
var △＝null;

<table>
<tr><td>18*</td><td></td><td>mas<=5</td><td>●</td><td>3+</td><td></td></tr>
<tr><td>4</td><td></td><td>□/★</td><td>5</td><td></td><td>1−</td></tr>
<tr><td>2/</td><td>mas!=2</td><td></td><td>○*★</td><td>3||6</td><td></td></tr>
<tr><td>7+</td><td>4||5</td><td>3</td><td>5+</td><td></td><td>mas==□</td></tr>
<tr><td></td><td>★−−</td><td></td><td></td><td>●+△</td><td>6*</td></tr>
<tr><td>□++</td><td>4−</td><td>●+★</td><td>△</td><td>4</td><td></td></tr>
</table>

**ルール**

❶ 四角の中には、たてよこ１～６の数字が入ります。

❷ たてよこで同じ数字が入ってはいけません。

❸ 数字と＋、数字と－は、太線でかこまれたブロックの数の和または差を表します。＊(かけ算)や／(わり算)も同様です。

❹ ▲や○などの記号は「変数」です。変数は、他のマスに書いてあっても同じ数字を表します。

❺ 分からない記号は、『記号のヒント』のページで調べましょう。

# 中級(ちゅうきゅう) 6×6 5

ルールにしたがって、空いているマスをすべてうめましょう。

→答(こた)えは91ページ

かかった時間(じかん)を記録(きろく)しよう！

月(がつ)　日(にち)　分(ふん)　秒(びょう)

合格(ごうかく) 14分00秒　天才(てんさい) 11分00秒　超天才(ちょうてんさい) 5分30秒

var ○＝2；
var ■＝1；
var ☆＝3；
var ●＝null;

| | | | | | |
|---|---|---|---|---|---|
| 20＊ | ○＊■ | | mas<=☆ | 24＊ | |
| 3‖4 | 6 | mas<4 | mas>=● | ☆/● | ■++ |
| | 5+ | | | 1− | ● |
| 4− | | mas<=○ | 2 | | 12+ |
| | mas!=4 | mas!=4 | | 5 | |
| 8+ | | 2 | 4/ | | mas>=5 |

ルール

❶ 四角の中には、たてよこ1～6の数字が入ります。

❷ たてよこで同じ数字が入ってはいけません。

❸ 数字と＋、数字と－は、太線でかこまれたブロックの数の和または差を表します。＊(かけ算)や/(わり算)も同様です。

❹ ▲や○などの記号は「変数(へんすう)」です。
変数は、他のマスに書いてあっても同じ数字を表します。

❺ 分からない記号は、『記号のヒント』のページで調べましょう。

# 中級 6×6 6

ルールにしたがって、
空いているマスを
すべてうめましょう。

→答えは91ページ

かかった時間を記録しよう！

月　日　分　秒

合格 14分00秒　天才 11分00秒　超天才 5分30秒

var ☆＝1;
var ●＝4;
var □＝2;
var ▲＝null;
var ○＝null;

| | | | | | |
|---|---|---|---|---|---|
| 13+ | mas>4 | | 3 | 3− | ▲ |
| mas!=1 | | mas>4 | | | |
| 1‖2 | 2/ | ●−− | 2− | 5‖6 | mas<=□ |
| 4 | | □*▲ | | 1 | 12+ |
| 30* | ●/□ | | | ○*☆ | |
| ●++ | mas==▲ | 4 | 3/ | | ○ |

**ルール**

❶ 四角の中には、たてよこ１～６の数字が入ります。
❷ たてよこで同じ数字が入ってはいけません。
❸ 数字と＋、数字と－は、太線でかこまれたブロックの数の和または差を表します。＊（かけ算）や／（わり算）も同様です。
❹ ▲や○などの記号は「変数」です。
変数は、他のマスに書いてあっても同じ数字を表します。
❺ 分からない記号は、『記号のヒント』のページで調べましょう。

中級 6×6 7

ルールにしたがって、空いているマスをすべてうめましょう。

→答えは92ページ

かかった時間を記録しよう！

月　日　分　秒

合格 16分00秒　天才 12分00秒　超天才 6分00秒

var ■＝1；
var ○＝2；
var ●＝null;
var □＝null;
var ★＝null;

| | | | | | |
|---|---|---|---|---|---|
| 11+ | 5 | 8* | 2‖★ | | ● |
| mas==○ | | 6* | | ●−− | 1 |
| | mas<=2 | | 3‖4 | 2− | |
| ■*□ | 3/ | | 1 | | ■+○ |
| 3− | | ★++ | ●/○ | 2 | 48* |
| ★ | 4+ | | mas>=4 □ | | mas<=○ |

ルール

❶ 四角の中には、たてよこ1～6の数字が入ります。

❷ たてよこで同じ数字が入ってはいけません。

❸ 数字と＋、数字と－は、太線でかこまれたブロックの数の和または差を表します。＊（かけ算）や／（わり算）も同様です。

❹ ▲や○などの記号は「変数」です。
変数は、他のマスに書いてあっても同じ数字を表します。

❺ 分からない記号は、『記号のヒント』のページで調べましょう。

分からなかったら解き方を見よう！

## 中級 6×6 8

ルールにしたがって、空いているマスをすべてうめましょう。

→答えは92ページ

かかった時間を記録しよう！

月　日　分　秒

合格 16分00秒　天才 12分00秒　超天才 6分00秒

var ☆＝2;
var ●＝3;
var ○＝null;
var ▲＝null;

| | | | | | |
|---|---|---|---|---|---|
| 1− | 2− | mas!=2 | 5 | 18* | |
| | mas>=5 | | | ○‖6 | |
| ▲/☆ | | mas<3 | 10+ | 1‖4 | ▲++ |
| 3 | 3/ | | | | 1 |
| ○ | | 4 | mas==● | | |
| 18* | mas!=2 | | | 9+ | 3‖4 ▲ |

ルール

❶ 四角の中には、たてよこ1～6の数字が入ります。
❷ たてよこで同じ数字が入ってはいけません。
❸ 数字と＋、数字と－は、太線でかこまれたブロックの数の和または差を表します。＊(かけ算)や/(わり算)も同様です。
❹ ▲や○などの記号は「変数」です。
変数は、他のマスに書いてあっても同じ数字を表します。
❺ 分からない記号は、『記号のヒント』のページで調べましょう。

分からなかったら解き方を見よう！

# 中級 6×6 9

ルールにしたがって、
空いているマスを
すべてうめましょう。

→答えは92ページ

かかった時間を記録しよう！

月　日　分　秒

合格 18分00秒　天才 13分00秒　超天才 7分00秒

var □＝2;
var ●＝null;
var △＝null;
var ■＝null;

| | | | | | |
|---|---|---|---|---|---|
| 20* | ■ | 9+ | | | mas>=5 △ |
| | | 3− | mas!=2 | □−− | 0− |
| △/● | | | 4 | | △−■ |
| 13+ | □*● | 6 | | ●‖■ | |
| | | 3/ | mas!=2 | | 600* |
| ● | 1 | | mas==■ | 5‖6 | 4‖6 |

ルール
❶ 四角の中には、たてよこ１～６の数字が入ります。
❷ たてよこで同じ数字が入ってはいけません。
❸ 数字と＋、数字と－は、太線でかこまれたブロックの数の和または差を表します。＊(かけ算)や／(わり算)も同様です。
❹ ▲や○などの記号は「変数」です。
変数は、他のマスに書いてあっても同じ数字を表します。
❺ 分からない記号は、『記号のヒント』のページで調べましょう。

分からなかったら解き方を見よう！

## 中級 6×6 10

ルールにしたがって、
空いているマスを
すべてうめましょう。

→答えは92ページ

かかった時間を記録しよう！

月　日　分　秒

合格 18分00秒　天才 13分00秒　超天才 7分00秒

var ☆＝1;
var ▲＝null;
var ○＝null;
var ●＝null;

| | | | | | |
|---|---|---|---|---|---|
| 36* | 1 | 60* | mas>=5 | ● | 24* |
| mas==☆ | mas!=3 | | ▲‖5 | | ▲*2 |
| 5 | | 6/ | ○−▲ | ☆*▲ | ○ |
| 1− | 3‖4 | | | | 30* |
| | | 1‖5 | 6 | | ●−▲ |
| 11+ | | mas<=2 ▲ | mas==● | | mas>=5 |

**ルール**

❶ 四角の中には、たてよこ1～6の数字が入ります。
❷ たてよこで同じ数字が入ってはいけません。
❸ 数字と＋、数字と－は、太線でかこまれたブロックの数の和または差を表します。＊(かけ算)や／(わり算)も同様です。
❹ ▲や○などの記号は「変数」です。
変数は、他のマスに書いてあっても同じ数字を表します。
❺ 分からない記号は、『記号のヒント』のページで調べましょう。

分からなかったら解き方を見よう！

次は
上級編だよ

## プログラミングパズル

# 上級編

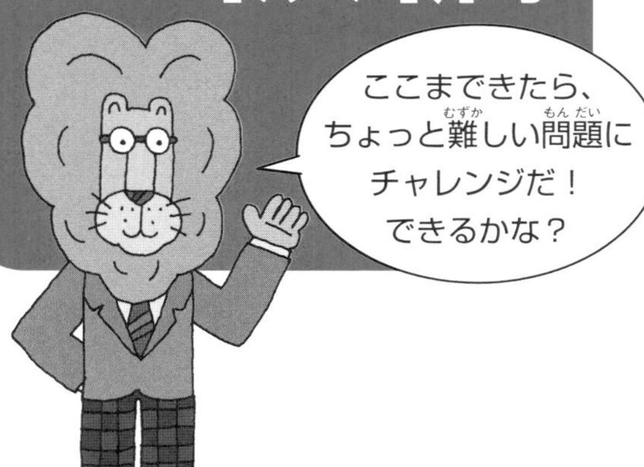
ここまできたら、
ちょっと難しい問題に
チャレンジだ！
できるかな？

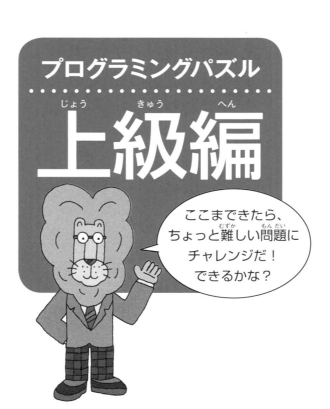

上級
7×7
1

ルールにしたがって、
空いているマスを
すべてうめましょう。

→答えは92ページ

かかった時間を記録しよう！

月　日　分　秒

合格 16分00秒　天才 12分00秒　超天才 7分00秒

var ☆＝1；
var ●＝3；
var □＝2；
var ▲＝null;
var ○＝null;

<table>
<tr><td>3−</td><td>mas<=2</td><td>28＊</td><td></td><td>4−</td><td>6</td><td></td></tr>
<tr><td></td><td>6</td><td>mas>=○</td><td>☆＊□</td><td>▲</td><td></td><td>●＊□+☆</td></tr>
<tr><td></td><td>30＊</td><td></td><td></td><td></td><td>mas==▲</td><td>mas==□</td></tr>
<tr><td>6</td><td></td><td>☆+●</td><td>3/</td><td>2</td><td></td><td>9+</td></tr>
<tr><td>2%</td><td>4||7</td><td></td><td></td><td></td><td>○−●</td><td>mas!=6</td></tr>
<tr><td></td><td>●++</td><td>mas<3</td><td>2/</td><td></td><td>mas>=5</td><td>1</td></tr>
<tr><td>3+</td><td></td><td>3</td><td>○</td><td>2||7</td><td>2%</td><td></td></tr>
</table>

ルール

❶ 四角の中には、たてよこ１～７の数字が入ります。
❷ たてよこで同じ数字が入ってはいけません。
❸ 数字と＋、数字と－は、太線でかこまれたブロックの数の和または差を表します。＊(かけ算)や／(わり算)も同様です。
❹ ▲や○などの記号は「変数」です。変数は、他のマスに書いてあっても同じ数字を表します。
❺ 分からない記号は、『記号のヒント』のページで調べましょう。

分からなかったら解き方を見よう！

# 上級 7×7 2

ルールにしたがって、
空いているマスを
すべてうめましょう。

→答えは92ページ

かかった時間を記録しよう！

月　日　分　秒

合格 16分00秒　天才 12分00秒　超天才 7分00秒

var ○＝2；
var ■＝4；
var ☆＝1；
var ●＝null;
var △＝null;
var ★＝[1,2,3,4,5];

<table>
<tr><td>3/</td><td></td><td></td><td>3</td><td>9+</td><td></td><td>if(☆>2){3;}<br>else{1;}</td></tr>
<tr><td>4</td><td></td><td>△+○</td><td>mas==○</td><td></td><td>1%</td><td></td></tr>
<tr><td>4−</td><td>mas!=3</td><td>○||●</td><td></td><td>★[1]</td><td></td><td>24＊</td></tr>
<tr><td></td><td>★[0]</td><td>14＊</td><td></td><td></td><td>6</td><td></td></tr>
<tr><td></td><td>mas!=1</td><td></td><td>5</td><td>3/</td><td></td><td>7</td></tr>
<tr><td>mas>=6</td><td>if(■==4){6;}<br>else{1;}</td><td></td><td>7+</td><td>★[4]</td><td>△</td><td>1%</td></tr>
<tr><td>3−</td><td>●</td><td>4</td><td></td><td></td><td>mas<3</td><td>3||5</td></tr>
</table>

ルール
❶ 四角の中には、たてよこ１～７の数字が入ります。
❷ たてよこで同じ数字が入ってはいけません。
❸ 数字と＋、数字と－は、太線でかこまれたブロックの数の和または差を表します。＊（かけ算）や／（わり算）も同様です。
❹ ▲や○などの記号は「変数」です。
変数は、他のマスに書いてあっても同じ数字を表します。
❺ 分からない記号は、『記号のヒント』のページで調べましょう。

分からなかったら解き方を見よう！

# 上級 7×7 3

ルールにしたがって、
空いているマスを
すべてうめましょう。

→答えは93ページ

かかった時間を記録しよう！

月　日　分　秒

合格 17分00秒　天才 13分00秒　超天才 8分00秒

var ☆＝3；
var ●＝1；
var □＝2；
var ▲＝null;
var ○＝[1,2,3,4,5];

| | | | | | | |
|---|---|---|---|---|---|---|
| 16+ | | 7+ | mas!=1 | 5 | | if(▲<3){1;} else{4;} |
| | mas>=6 | 1 | | 3/ | ▲++ | 1− |
| | 2% | | 3‖7 | | | □‖● |
| 6 | | 2/ | if(☆<3){4;} else{1;} | ○[2] | | □*▲ |
| | □<mas<5 | | 5 | mas>=6 | 5− | |
| 5+ | ○[0] | | | | | 6 |
| ▲ | 21* | | ☆*□ | 20* | mas!=5 | |

ルール

❶ 四角の中には、たてよこ１～７の数字が入ります。
❷ たてよこで同じ数字が入ってはいけません。
❸ 数字と＋、数字と－は、太線でかこまれたブロックの数の和または差を表します。＊(かけ算)や／(わり算)も同様です。
❹ ▲や○などの記号は「変数」です。
変数は、他のマスに書いてあっても同じ数字を表します。
❺ 分からない記号は、『記号のヒント』のページで調べましょう。

分からなかったら解き方を見よう！

# 上級(じょうきゅう) 7×7 4

ルールにしたがって、空いているマスをすべてうめましょう。

→答(こた)えは93ページ

かかった時間(じかん)を記録(きろく)しよう！

月(がつ)　日(にち)　分(ふん)　秒(びょう)

合格(ごうかく) 17分00秒　天才(てんさい) 13分00秒　超天才(ちょうてんさい) 8分00秒

var □＝1；
var ★＝3；
var ○＝2；
var ■＝null;
var △＝[1,2,3,4,5];
var ▲＝null;

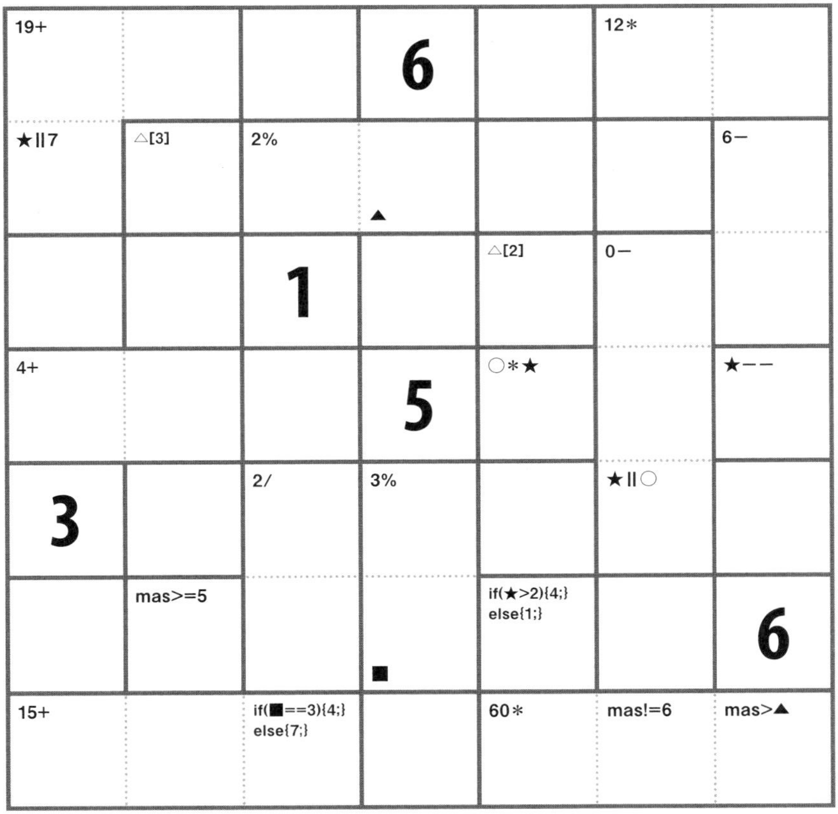


ルール

❶ 四角の中には、たてよこ１～７の数字が入ります。

❷ たてよこで同じ数字が入ってはいけません。

❸ 数字と＋、数字と－は、太線でかこまれたブロックの数の和または差を表します。＊(かけ算)や／(わり算)も同様です。

❹ ▲や○などの記号は「変数(へんすう)」です。
変数は、他のマスに書いてあっても同じ数字を表します。

❺ 分からない記号は、『記号のヒント』のページで調べましょう。

分からなかったら解き方を見よう！

上級（じょうきゅう）
7×7
# 5

ルールにしたがって、空いているマスをすべてうめましょう。

→答（こた）えは93ページ

かかった時間（じかん）を記録（きろく）しよう！

月（がつ）　日（にち）　分（ふん）　秒（びょう）

合格（ごうかく） 18分00秒　天才（てんさい） 14分00秒　超天才（ちょうてんさい） 9分00秒

```
var ☆＝4;
var ●＝1;
var △＝3;
var ■＝[1,2,3,4,5];
var ○＝[1,2,3,4,5];
var ▲＝null;
```

| | | | | | | |
|---|---|---|---|---|---|---|
| 11+ | | | 5 | | 5− | |
| △−− | ■[2]+○[1] | | 56＊ | | | |
| | 5/ | | if(☆>3){4;} else{7;} | | mas>=○[4] | 3 |
| 9+ | ●<mas<☆ | 4 | 2‖3 ▲ | 2‖7 | 2% | △＊▲ |
| | ☆/▲ | 2/ | | | | ■[1]＊○[1] |
| mas==△ | 6 | | | 1% | | 10＊ |
| | 2− | mas<△ | | if(▲>3){5;} else{6;} | mas!=2 | |

**ルール**

❶ 四角の中には、たてよこ１～７の数字が入ります。

❷ たてよこで同じ数字が入ってはいけません。

❸ 数字と＋、数字と－は、太線でかこまれたブロックの数の和または差を表します。＊（かけ算）や／（わり算）も同様です。

❹ ▲や○などの記号は「変数（へんすう）」です。
変数は、他のマスに書いてあっても同じ数字を表します。

❺ 分からない記号は、『記号のヒント』のページで調べましょう。

分からなかったら解き方を見よう！

# 上級 7×7 6

ルールにしたがって、
空いているマスを
すべてうめましょう。

→答えは93ページ

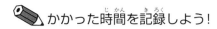

かかった時間を記録しよう！

月　日　分　秒

合格 18分00秒　天才 14分00秒　超天才 9分00秒

```
var □＝1;
var ★＝2;
var ○＝5;
var ▲＝[1,2,3,4,5];
var ☆＝[1,2,3,4,5];
var ■＝null;
```

| | | | | | | |
|---|---|---|---|---|---|---|
| 10+ | mas!=5 | | | 7 | | 12* |
| mas!=4 | | | 2/ | | mas<3 | |
| 6‖7 | 4 | ▲[3]/☆[1] | | 6* | | if(■==2){2;} else{1;} |
| ■ | 60* | | | if(○>=5){1;} else{4;} | 3% | |
| 4− | | 7+ | 6 | | | 1− |
| | mas>=○ | | | ★*■ | ▲[4]+☆[1] | |
| 6‖7 | | 1 | | 10+ | | ★++ |

## ルール

❶ 四角の中には、たてよこ１～７の数字が入ります。

❷ たてよこで同じ数字が入ってはいけません。

❸ 数字と＋、数字と－は、太線でかこまれたブロックの数の和または差を表します。＊(かけ算)や／(わり算)も同様です。

❹ ▲や○などの記号は「変数」です。
変数は、他のマスに書いてあっても同じ数字を表します。

❺ 分からない記号は、『記号のヒント』のページで調べましょう。

分からなかったら解き方を見よう！

## 上級 7×7 7

ルールにしたがって、空いているマスをすべてうめましょう。

→答えは93ページ

かかった時間を記録しよう！

月　日　分　秒

合格 22分00秒　天才 18分00秒　超天才 10分30秒

var ○＝2;
var ■＝10;
var △＝20;
var ★＝[1,2,3,4,5];
var □＝[6,7,8,9,10];

| | | | | | | |
|---|---|---|---|---|---|---|
| 6* | 5/ | 7 | 360* | mas>=5 | □[2]/★[1] | |
| | | | ○*■/△ | | | □[2]−★[1] |
| | if(○<=2){2;} else{4;} | 12+ | | | 2/ | 8+ |
| 22+ | 28* | | 6 | | | |
| | | 5− | mas!=5 | 1% | | |
| ★[4]+★[1] | | | | △/■+★[2] | | 11+ |
| | 6 | 3− | mas>=□[0] | | | 2‖3 |

ルール

❶ 四角の中には、たてよこ１～７の数字が入ります。

❷ たてよこで同じ数字が入ってはいけません。

❸ 数字と＋、数字と－は、太線でかこまれたブロックの数の和または差を表します。＊（かけ算）や／（わり算）も同様です。

❹ ▲や○などの記号は「変数」です。
変数は、他のマスに書いてあっても同じ数字を表します。

❺ 分からない記号は、『記号のヒント』のページで調べましょう。

分からなかったら解き方を見よう！

上級(じょうきゅう)
7×7
8

ルールにしたがって、
空いているマスを
すべてうめましょう。

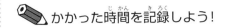

→答(こた)えは93ページ

かかった時間(じかん)を記録(きろく)しよう！

月(がつ)　日(にち)　分(ふん)　秒(びょう)

合格(ごうかく) 22分(ふん)00秒(びょう)　天才(てんさい) 18分(ふん)00秒(びょう)　超天才(ちょうてんさい) 10分(ふん)30秒(びょう)

```
var ☆=100;
var ●=20;
var △=5;
var ■=[1,2,3,4,5];
var ○=[6,7,8,9,10];
var ★=null;
var □=null;
```

<table>
<tr><td>168＊</td><td>mas>=5</td><td>mas==■[3]</td><td></td><td>6</td><td>10＊</td><td></td></tr>
<tr><td>13+</td><td>2||4</td><td>●/△+■[1]</td><td></td><td>○[0]−■[4]</td><td></td><td></td></tr>
<tr><td></td><td></td><td>△||★</td><td></td><td>3%</td><td></td><td>□</td></tr>
<tr><td></td><td>2−</td><td></td><td>if(●>=30){2;}<br>else{5;}</td><td></td><td></td><td>7/</td></tr>
<tr><td>7+</td><td>5</td><td></td><td>2%</td><td>★/□</td><td></td><td></td></tr>
<tr><td></td><td></td><td>if(□>3){3;}<br>else{7;}</td><td></td><td></td><td>△−□</td><td>4</td></tr>
<tr><td>70＊</td><td>2||4</td><td></td><td>■[0]+○[0]</td><td>7+</td><td></td><td>★</td></tr>
</table>

**ルール**

❶ 四角の中には、たてよこ１～７の数字が入ります。
❷ たてよこで同じ数字が入ってはいけません。
❸ 数字と＋、数字と－は、太線でかこまれたブロックの数の和または差を表します。＊(かけ算)や／(わり算)も同様です。
❹ ▲や○などの記号は「変数(へんすう)」です。
変数は、他のマスに書いてあっても同じ数字を表します。
❺ 分からない記号は、『記号のヒント』のページで調べましょう。

分からなかったら
解き方を見よう！

**上級**
**7×7**
**9**

ルールにしたがって、
空いているマスを
すべてうめましょう。

→答えは94ページ

かかった時間を記録しよう！

月　日　分　秒

合格 25分00秒　天才 20分00秒　超天才 12分00秒

```
var △=50;
var ■=100;
var ☆=20;
var ●=[1,2,3,4,5,6,7];
var □=[6,7,8,9,10,11];
var ★=null;
var ○=null;
```

<table>
<tr><td>240*</td><td>○</td><td>1−</td><td></td><td>■/△</td><td>mas<=3</td><td>●[3] || ●[6]</td></tr>
<tr><td>2||4</td><td></td><td>if(○==5){5;}<br>else{7;}</td><td>★−−</td><td></td><td>4−</td><td></td></tr>
<tr><td></td><td>2/</td><td></td><td>mas==●[6]</td><td></td><td></td><td>2</td></tr>
<tr><td>16+</td><td>1</td><td>9+</td><td></td><td>4||7</td><td></td><td>4||7</td></tr>
<tr><td></td><td></td><td>□[5]−●[6]</td><td></td><td>2%</td><td>3/</td><td></td></tr>
<tr><td>□[3]/●[2]</td><td></td><td>★−○</td><td></td><td></td><td>840*</td><td>if(△>=30){1;}<br>else{5;}</td></tr>
<tr><td>★</td><td>3+</td><td></td><td>3</td><td>mas!=7</td><td>●[3]*●[0]</td><td></td></tr>
</table>

**ルール**

❶ 四角の中には、たてよこ１～７の数字が入ります。
❷ たてよこで同じ数字が入ってはいけません。
❸ 数字と＋、数字と－は、太線でかこまれたブロックの数の和または差を表します。＊(かけ算)や／(わり算)も同様です。
❹ ▲や○などの記号は「変数」です。
変数は、他のマスに書いてあっても同じ数字を表します。
❺ 分からない記号は、『記号のヒント』のページで調べましょう。

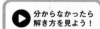

分からなかったら解き方を見よう！

## 上級（じょうきゅう） 7×7 10

ルールにしたがって、空いているマスをすべてうめましょう。

→答（こた）えは94ページ

かかった時間（じかん）を記録（きろく）しよう！

月（がつ）　日（にち）　分（ふん）　秒（びょう）

合格（ごうかく） 25分00秒　天才（てんさい） 20分00秒　超天才（ちょうてんさい） 12分00秒

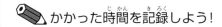

```
var ☆=30;
var ▲=50;
var ○=20;
var ■=[1,2,3,4,5,6,7];
var △=[6,7,8,9,10,11];
var ●=null;
var □=null;
```

<table>
<tr><td>216＊</td><td>■[0]＊△[0]</td><td>△[3]/■[2]</td><td>17+</td><td>2||7</td><td>mas!=1</td><td></td></tr>
<tr><td>□</td><td>2%</td><td></td><td></td><td></td><td>if(☆>30){1;}<br>else{3;}</td><td>3/</td></tr>
<tr><td>4</td><td>0−</td><td></td><td></td><td>●++</td><td></td><td></td></tr>
<tr><td></td><td>mas<3</td><td>if(□>5){1;}<br>else{7;}</td><td>△[4]−■[3]</td><td></td><td>3%</td><td></td></tr>
<tr><td>17+</td><td></td><td></td><td>4−</td><td></td><td>2</td><td></td></tr>
<tr><td>(☆+○)/▲</td><td></td><td>5</td><td></td><td>2||7</td><td>420＊</td><td>4||7</td></tr>
<tr><td></td><td>2/</td><td></td><td></td><td></td><td>●</td><td>○/△[4]</td></tr>
</table>

### ルール

❶ 四角の中には、たてよこ１～７の数字が入ります。

❷ たてよこで同じ数字が入ってはいけません。

❸ 数字と＋、数字と－は、太線でかこまれたブロックの数の和または差を表します。＊（かけ算）や／（わり算）も同様です。

❹ ▲や○などの記号は「変数（へんすう）」です。
変数は、他のマスに書いてあっても同じ数字を表します。

❺ 分からない記号は、『記号のヒント』のページで調べましょう。

分からなかったら解き方を見よう！

## 上級 8×8 1

ルールにしたがって、
空いているマスを
すべてうめましょう。

→答えは94ページ

かかった時間を記録しよう！

月　日　分　秒

合格 22分00秒　天才 15分00秒　超天才 9分00秒

var ☆＝2;
var ●＝1;
var □＝8;
var ▲=null;
var ○=null;

<table>
<tr><td>2/</td><td>○</td><td>6</td><td></td><td>35*</td><td></td><td></td><td>1−</td></tr>
<tr><td>mas==☆</td><td>□−▲</td><td>2−</td><td></td><td>3%</td><td></td><td>2**3</td><td>☆+●</td></tr>
<tr><td>7−</td><td></td><td></td><td>mas>=○</td><td></td><td>●++</td><td>4</td><td></td></tr>
<tr><td></td><td>7</td><td>☆*●</td><td></td><td></td><td>9+</td><td>mas!=6</td><td></td></tr>
<tr><td></td><td>1||3</td><td>2/</td><td>▲</td><td>8</td><td></td><td>1||3</td><td>□−−</td></tr>
<tr><td>mas>=7</td><td>□/☆</td><td></td><td>5</td><td></td><td>14+</td><td>mas<3</td><td>40*</td></tr>
<tr><td>8+</td><td>1</td><td></td><td>2**2</td><td></td><td></td><td></td><td></td></tr>
<tr><td></td><td>●*▲</td><td>48*</td><td></td><td></td><td>1%</td><td></td><td>4</td></tr>
</table>

**ルール**

❶ 四角の中には、たてよこ１～８の数字が入ります。
❷ たてよこで同じ数字が入ってはいけません。
❸ 数字と＋、数字と－は、太線でかこまれたブロックの数の和または差を表します。＊（かけ算）や／（わり算）も同様です。
❹ ▲や○などの記号は「変数」です。
変数は、他のマスに書いてあっても同じ数字を表します。
❺ 分からない記号は、『記号のヒント』のページで調べましょう。

分からなかったら解き方を見よう！

# 上級（じょうきゅう） 8×8 2

ルールにしたがって、空いているマスをすべてうめましょう。

→答え（こたえ）は94ページ

かかった時間（じかん）を記録（きろく）しよう！

月（がつ）　日（にち）　分（ふん）　秒（びょう）

合格（ごうかく） 22分00秒　天才（てんさい） 15分00秒　超天才（ちょうてんさい） 9分00秒

var ○＝8;
var ■＝3;
var ☆＝4;
var ●＝null;
var △＝null;
var ★＝[1,2,3,4,5];

| | | | | | | | |
|---|---|---|---|---|---|---|---|
| 2/ | 2 | 2% | ★[3]+■ | ●−★[4] | | 30＊ | |
| | | 3<mas<6 | 2＊＊3 | mas!=5 | 1\|\|7 | 2− | mas<=2 |
| ★[0] | 11+ | | | 6 | ●/■ | | |
| | | if(△>3){2;}<br>else{7;} | | 3% | | △＊★[0] | 1 |
| 2 | | 2＊＊2 | | ☆−★[0] | | 56＊ | |
| | 24＊ | | 1 | 4/ | if(☆<4){1;}<br>else{3;} | | ○−− |
| | 7 | | | | | | 3− |
| 8+ | ○−★[2] | if(■==3){1;}<br>else{2;} | 6+ | △ | 1\|\|7 | 8 | mas>=☆<br>● |

ルール

❶ 四角の中には、たてよこ１〜８の数字が入ります。

❷ たてよこで同じ数字が入ってはいけません。

❸ 数字と＋、数字と－は、太線でかこまれたブロックの数の和または差を表します。＊（かけ算）や／（わり算）も同様です。

❹ ▲や○などの記号は「変数（へんすう）」です。
変数は、他のマスに書いてあっても同じ数字を表します。

❺ 分からない記号は、『記号のヒント』のページで調べましょう。

分からなかったら解き方を見よう！

# 上級 8×8 3

ルールにしたがって、
空いているマスを
すべてうめましょう。

→答えは94ページ

かかった時間を記録しよう！

月　日　分　秒

合格 27分00秒　天才 18分00秒　超天才 11分00秒

var ●＝3;
var □＝2;
var ★＝●;
var △＝●＋□;
var ▲=null;
var ☆＝△＋▲;
var ○＝[1,2,3,4,5];

<table>
<tr><td>△−★</td><td>1</td><td>○[1]*○[3]</td><td></td><td>2/</td><td>mas!=4</td><td></td><td>15+</td></tr>
<tr><td>20*</td><td>★++</td><td></td><td></td><td>□/○[1]</td><td></td><td></td><td></td></tr>
<tr><td></td><td>17+</td><td>mas>=7</td><td>3</td><td></td><td></td><td>84*</td><td>if(☆==6){2;}<br>else{1;}</td></tr>
<tr><td></td><td>mas!=8</td><td></td><td>★+○[2]</td><td>2/</td><td>△−−</td><td>4||7</td><td>5</td></tr>
<tr><td></td><td>□+△</td><td>2**2</td><td>3%</td><td></td><td>☆+○[0]</td><td></td><td>1−</td></tr>
<tr><td>7</td><td>△+○[0]</td><td>mas==△</td><td></td><td>if(△>4){3;}<br>else{2;}</td><td></td><td>▲/□</td><td></td></tr>
<tr><td></td><td></td><td>3</td><td></td><td>3%</td><td></td><td>2**3</td><td></td></tr>
<tr><td>3−</td><td>mas<=3</td><td>▲</td><td>1</td><td></td><td>120*</td><td>4||7</td><td></td></tr>
</table>

ルール

❶ 四角の中には、たてよこ１～８の数字が入ります。
❷ たてよこで同じ数字が入ってはいけません。
❸ 数字と＋、数字と－は、太線でかこまれたブロックの数の和または差を表します。＊（かけ算）や／（わり算）も同様です。
❹ ▲や○などの記号は「変数」です。
変数は、他のマスに書いてあっても同じ数字を表します。
❺ 分からない記号は、『記号のヒント』のページで調べましょう。

分からなかったら解き方を見よう！

## 上級 8×8 4

ルールにしたがって、空いているマスをすべてうめましょう。

→答えは94ページ

かかった時間を記録しよう！

月　日　分　秒

合格 30分00秒　天才 19分00秒　超天才 12分00秒

```
var ☆＝1；
var ●＝3；
var △＝●;
var ■＝☆＋●;
var ○＝null;
var ★＝■＋○;
var □＝[1,2,3,4,5];
```

<table>
<tr><td>168*</td><td>9+</td><td></td><td>3</td><td>△−☆</td><td>56*</td><td></td><td></td></tr>
<tr><td>5||7</td><td></td><td></td><td></td><td></td><td>3%</td><td>2**2</td><td>2</td></tr>
<tr><td></td><td>if(■<4){7;}<br>else{1;}</td><td>5</td><td>○</td><td>□[1]*□[2]</td><td></td><td>■−−</td><td>2%</td></tr>
<tr><td></td><td></td><td>mas==★</td><td>2/</td><td></td><td></td><td></td><td></td></tr>
<tr><td>5</td><td>6−</td><td></td><td>○*●</td><td></td><td>mas==△</td><td></td><td>13+</td></tr>
<tr><td></td><td></td><td>if(★==6){7;}<br>else{1;}</td><td>■+□[0]</td><td></td><td>3/</td><td>2**3</td><td>mas>=6</td></tr>
<tr><td>■/□[1]</td><td>3−</td><td>7||8</td><td></td><td>7||8</td><td></td><td>5</td><td>mas<=3</td></tr>
<tr><td>10+</td><td></td><td>3</td><td></td><td></td><td>24*</td><td></td><td></td></tr>
</table>

ルール

❶ 四角の中には、たてよこ１～８の数字が入ります。

❷ たてよこで同じ数字が入ってはいけません。

❸ 数字と＋、数字と−は、太線でかこまれたブロックの数の和または差を表します。*(かけ算)や/(わり算)も同様です。

❹ ▲や○などの記号は「変数」です。
変数は、他のマスに書いてあっても同じ数字を表します。

❺ 分からない記号は、『記号のヒント』のページで調べましょう。

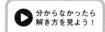

分からなかったら解き方を見よう！

## 上級（じょうきゅう） 8×8 5

ルールにしたがって、空いているマスをすべてうめましょう。

→答（こた）えは95ページ

かかった時間（じかん）を記録（きろく）しよう！

月（がつ）　日（にち）　分（ふん）　秒（びょう）

合格（ごうかく） 35分00秒　天才（てんさい） 21分00秒　超天才（ちょうてんさい） 14分00秒

```
var ■= 1;
var ○= 2;
var ▲=■;
var ☆=■+○;
var ●=null;
var △=☆+●;
var ★=[1,2,3,4,5];
var ◇=[1,2,3,4,5];
```

| | | | | | | | |
|---|---|---|---|---|---|---|---|
| 35* | | 5‖8 | 4 | 2**3 | | 3/ | |
| | ○*☆ | 4/ | ● | | mas==△ | | ▲*★[3] |
| | 15+ | if(●<=2){1;} else{7;} | | ★[3]/◇[1] | 2% | | 3 |
| 16+ | 2 | | ●<mas<△ | | ☆++ | | |
| | | 2**2 | | 6 | 1− | ★[4]−◇[1] | |
| | ★[2]+◇[3] | | 3% | | | 2/ | |
| 5 | | if(☆<4){2;} else{7;} | | | mas<=2 | | 280* |
| | 24* | | 1‖5 | 7 | | | 1‖5 |

**ルール**

❶ 四角の中には、たてよこ１～８の数字が入ります。

❷ たてよこで同じ数字が入ってはいけません。

❸ 数字と＋、数字と－は、太線でかこまれたブロックの数の和または差を表します。＊（かけ算）や／（わり算）も同様です。

❹ ▲や○などの記号は「変数（へんすう）」です。
変数は、他のマスに書いてあっても同じ数字を表します。

❺ 分からない記号は、『記号のヒント』のページで調べましょう。

分からなかったら解き方を見よう！

# 上級 8×8 6

ルールにしたがって、
空いているマスを
すべてうめましょう。

→答えは95ページ

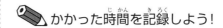

かかった時間を記録しよう！

月　日　分　秒

合格 35分00秒　天才 21分00秒　超天才 14分00秒

var ★＝2；
var △＝3；
var ●＝△；
var □＝★＋△；
var ▲＝null;
var ☆＝□−▲；
var ■＝[1,2,3,4,5]；
var ◇＝[1,2,3,4,5]；

| | | | | | | | |
|---|---|---|---|---|---|---|---|
| 280* | ■[3]*◇[1] | 1− | 7 | 3− | | mas<3 | if(□==4){7;} else{3;} |
| | | | 3% | | | | 2**2 |
| ■[2]−◇[0] | 1\|\|7 | | | 2**3 | 5\|\|8 | 18+ | 3/ |
| | 4− | mas!=4 | ●+★ | 7 | | | |
| 3 | | 15+ | ▲ | □++ | 56* | mas>=7 | 1 |
| 192* | 1\|\|7 | | 12* | mas!=4 | | 2% | |
| | 5 | | | | | ■[4]+◇[1] | 120* |
| if(☆<3){8;} else{6;} | | 6− | | ◇[3]/★ | 4 | | ▲+☆ |

ルール
❶ 四角の中には、たてよこ１～８の数字が入ります。
❷ たてよこで同じ数字が入ってはいけません。
❸ 数字と＋、数字と－は、太線でかこまれたブロックの数の和または差を表します。＊（かけ算）や／（わり算）も同様です。
❹ ▲や○などの記号は「変数」です。
変数は、他のマスに書いてあっても同じ数字を表します。
❺ 分からない記号は、『記号のヒント』のページで調べましょう。

分からなかったら解き方を見よう！

上級（じょうきゅう）
8×8
# 7

ルールにしたがって、空いているマスをすべてうめましょう。

→答（こた）えは95ページ

かかった時間（じかん）を記録（きろく）しよう！

月（がつ）　日（にち）　分（ふん）　秒（びょう）

合格（ごうかく）37分00秒　天才（てんさい）23分00秒　超天才（ちょうてんさい）15分00秒

```
var □=null;
var ★=3;
var ○=1;
var ■=□+★+○;
var △=null;
var ●=■−△;
var ◇=[1,2,3,4,5];
var ◆=[6,7,8,9,10];
```

<table>
<tr><td></td><td></td><td>7</td><td></td><td>mas>=6</td><td></td><td>64*<br>△</td><td>mas>3</td></tr>
<tr><td>3/</td><td>90*</td><td></td><td>2||3<br>□</td><td></td><td>2**2</td><td></td><td></td></tr>
<tr><td></td><td>◆[0]+◇[0]</td><td></td><td></td><td>4/</td><td></td><td>0−</td><td>3</td></tr>
<tr><td>mas!=1</td><td>6</td><td></td><td>15+</td><td>◆[2]/◇[3]</td><td></td><td></td><td>11+</td></tr>
<tr><td>1120*</td><td>12*</td><td></td><td></td><td></td><td></td><td>■−◆[0]</td><td></td></tr>
<tr><td>■++</td><td>mas<★</td><td></td><td>if(●>5){4;}<br>else{6;}</td><td>5</td><td>2%</td><td></td><td></td></tr>
<tr><td>4||7</td><td></td><td>★−−</td><td>2**3</td><td></td><td></td><td>6</td><td>4||7</td></tr>
<tr><td></td><td>3||8</td><td>if(■>6){5;}<br>else{3;}</td><td>1</td><td>20+</td><td>●+○</td><td>◇[1]*◇[3]</td><td></td></tr>
</table>

## ルール

❶ 四角の中には、たてよこ１〜８の数字が入ります。

❷ たてよこで同じ数字が入ってはいけません。

❸ 数字と＋、数字と−は、太線でかこまれたブロックの数の和または差を表します。＊(かけ算)や／(わり算)も同様です。

❹ ▲や○などの記号は「変数（へんすう）」です。
変数は、他のマスに書いてあっても同じ数字を表します。

❺ 分からない記号は、『記号のヒント』のページで調べましょう。

分からなかったら解き方を見よう！

じょうきゅう
# 上級 8×8 8

ルールにしたがって、空いているマスをすべてうめましょう。

→答えは95ページ

かかった時間を記録しよう！

月　日　分　秒

合格 40分00秒　天才 27分00秒　超天才 16分00秒

```
var ◇=null;
var ●=1;
var △=2;
var ★=◇+●+△;
var ○=null;
var ■=★−○;
var ☆=[1,2,3,4,5];
var ▲=[6,7,8,9,10];
```

<table>
<tr><td>168*</td><td>★+●</td><td>mas<=2</td><td></td><td></td><td>3</td><td>14+</td><td></td></tr>
<tr><td></td><td>4/</td><td></td><td></td><td></td><td></td><td>3%</td><td>if(★==4){8;}<br>else{4;}</td></tr>
<tr><td>6</td><td>○</td><td></td><td>▲[4]−☆[4]</td><td>2**2</td><td></td><td></td><td>1||7</td></tr>
<tr><td></td><td></td><td>19+</td><td></td><td></td><td>☆[0]*▲[0]</td><td></td><td>2</td></tr>
<tr><td></td><td>2/</td><td></td><td>6</td><td></td><td>5−</td><td></td><td>15+</td></tr>
<tr><td>2**3</td><td></td><td></td><td>if(■>2){2;}<br>else{8;}</td><td>2−</td><td></td><td></td><td>△++</td></tr>
<tr><td>56*</td><td>3</td><td>2%</td><td></td><td></td><td>30*</td><td></td><td>1||7</td></tr>
<tr><td>◇</td><td>mas>6</td><td></td><td></td><td>★−☆[1]</td><td>3||8</td><td>4</td><td></td></tr>
</table>

## ルール

❶ 四角の中には、たてよこ１～８の数字が入ります。

❷ たてよこで同じ数字が入ってはいけません。

❸ 数字と＋、数字と－は、太線でかこまれたブロックの数の和または差を表します。*（かけ算）や / （わり算）も同様です。

❹ ▲や○などの記号は「変数（へんすう）」です。
変数は、他のマスに書いてあっても同じ数字を表します。

❺ 分からない記号は、『記号のヒント』のページで調べましょう。

分からなかったら解き方を見よう！

上級
8×8
9

ルールにしたがって、
空いているマスを
すべてうめましょう。

→答えは95ページ

かかった時間を記録しよう！

月　日　分　秒

合格 50分00秒　天才 35分00秒　超天才 18分30秒

var ●=null;
var ◇=10;
var ★=7;
var ☆=◇;
var ▲=☆−★;
var △=★−▲−●;
var ■=null;
var ○=■−△;
var ◆=[1,2,3,4,5];
var □=[3,6,10,20,50];

| | | | | | | | |
|---|---|---|---|---|---|---|---|
| 20+ | mas!=3 | 5 | if(△<3){4;} else{2;} | 3/ | ☆−◆[1] | | 56＊ |
| | | 96＊ | | mas!=6 | 3 | mas>=7 | 3‖4 |
| □[3]/◆[4] | 5 | ● | | | △+□[1] | | |
| 1‖5 | | | 2＊＊3 | | | if(○==5){2;} else{3;} | 6 |
| 3− | mas!=1 | mas<3 | | 3% | | 16+ | 56＊ |
| | | 1 | | 2＊＊2 | | ■ | |
| 4/ | | | | | ▲++ | ★−△ | 3‖4 |
| 1344＊ | | | ▲+◆[3] | 3 | | | |

ルール

❶ 四角の中には、たてよこ１～８の数字が入ります。

❷ たてよこで同じ数字が入ってはいけません。

❸ 数字と＋、数字と－は、太線でかこまれたブロックの数の和または差を表します。＊(かけ算)や/(わり算)も同様です。

❹ ▲や○などの記号は「変数」です。
変数は、他のマスに書いてあっても同じ数字を表します。

❺ 分からない記号は、『記号のヒント』のページで調べましょう。

分からなかったら解き方を見よう！

上級（じょうきゅう）
8×8
# 10

ルールにしたがって、空いているマスをすべてうめましょう。

→答え（こた）は95ページ

かかった時間（じかん）を記録（きろく）しよう！

月　日　分　秒

合格 50分00秒　天才 35分00秒　超天才 18分30秒

var ●=null;
var ◇=2;
var ★=3;
var ☆=◇;
var ▲=☆*★;
var △=★+▲−●;
var ■=null;
var ○=■−△;
var ◆=[1,2,3,4,5];
var □=[3,6,10,20,50];

<table>
<tr><td>512* ■</td><td></td><td>6</td><td></td><td>12*</td><td></td><td></td><td>●</td></tr>
<tr><td>2||4</td><td>if(△<7){7;} else{8;}</td><td>2||4</td><td>2%</td><td></td><td></td><td>21+</td><td></td></tr>
<tr><td></td><td>mas!=5</td><td></td><td></td><td></td><td></td><td></td><td>▲−★</td></tr>
<tr><td>1||6</td><td>18+</td><td></td><td></td><td>△−●</td><td></td><td>□[1]+○</td><td>4</td></tr>
<tr><td></td><td>2**2</td><td></td><td>2/</td><td>1</td><td></td><td>◇*○</td><td>1680*</td></tr>
<tr><td>12+</td><td>1</td><td>▲++</td><td></td><td>2**3</td><td>6*</td><td></td><td>5<mas<=7</td></tr>
<tr><td></td><td>2−</td><td></td><td>if(○>2){7;} else{1;}</td><td></td><td></td><td></td><td>mas!=7</td></tr>
<tr><td>1||6</td><td>□[1]/◆[1]</td><td></td><td>0−</td><td>▲*◆[0]</td><td></td><td>4</td><td></td></tr>
</table>

ルール

❶ 四角の中には、たてよこ１～８の数字が入ります。
❷ たてよこで同じ数字が入ってはいけません。
❸ 数字と＋、数字と－は、太線でかこまれたブロックの数の和または差を表します。＊（かけ算）や／（わり算）も同様です。
❹ ▲や○などの記号は「変数（へんすう）」です。変数は、他のマスに書いてあっても同じ数字を表します。
❺ 分からない記号は、『記号のヒント』のページで調べましょう。

分からなかったら解き方を見よう！

よく
がんばったね

# プログラミングパズル

# 解答編

初級 3×3 ①

| | | |
|---|---|---|
| 3 | 1 | 2 |
| 2 | 3 | 1 |
| 1 | 2 | 3 |

初級 3×3 ②

| | | |
|---|---|---|
| 1 | 2 | 3 |
| 2 | 3 | 1 |
| 3 | 1 | 2 |

初級 3×3 ③

| | | |
|---|---|---|
| 2 | 1 | 3 |
| 1 | 3 | 2 |
| 3 | 2 | 1 |

初級 3×3 ④

| | | |
|---|---|---|
| 2 | 3 | 1 |
| 3 | 1 | 2 |
| 1 | 2 | 3 |

初級 3×3 ⑤

| | | |
|---|---|---|
| 3 | 1 | 2 |
| 1 | 2 | 3 |
| 2 | 3 | 1 |

初級 3×3 ⑥

| | | |
|---|---|---|
| 3 | 1 | 2 |
| 2 | 3 | 1 |
| 1 | 2 | 3 |

初級 3×3 ⑦

| | | |
|---|---|---|
| 3 | 1 | 2 |
| 1 | 2 | 3 |
| 2 | 3 | 1 |

初級 3×3 ⑧

| | | |
|---|---|---|
| 1 | 3 | 2 |
| 3 | 2 | 1 |
| 2 | 1 | 3 |

初級 3×3 ⑨

| | | |
|---|---|---|
| 2 | 1 | 3 |
| 3 | 2 | 1 |
| 1 | 3 | 2 |

初級 3×3 ⑩

| | | |
|---|---|---|
| 3 | 2 | 1 |
| 1 | 3 | 2 |
| 2 | 1 | 3 |

初級 4×4 ①

| | | | |
|---|---|---|---|
| 3 | 2 | 4 | 1 |
| 4 | 1 | 2 | 3 |
| 2 | 3 | 1 | 4 |
| 1 | 4 | 3 | 2 |

初級 4×4 ②

| | | | |
|---|---|---|---|
| 2 | 3 | 4 | 1 |
| 4 | 2 | 1 | 3 |
| 3 | 1 | 2 | 4 |
| 1 | 4 | 3 | 2 |

初級 4×4 ③

| | | | |
|---|---|---|---|
| 1 | 2 | 3 | 4 |
| 2 | 3 | 4 | 1 |
| 3 | 4 | 1 | 2 |
| 4 | 1 | 2 | 3 |

初級 4×4 ④

| | | | |
|---|---|---|---|
| 2 | 1 | 4 | 3 |
| 3 | 2 | 1 | 4 |
| 4 | 3 | 2 | 1 |
| 1 | 4 | 3 | 2 |

初級 4×4 ⑤

| | | | |
|---|---|---|---|
| 1 | 3 | 2 | 4 |
| 4 | 1 | 3 | 2 |
| 2 | 4 | 1 | 3 |
| 3 | 2 | 4 | 1 |

初級 4×4 ⑥

| | | | |
|---|---|---|---|
| 4 | 3 | 2 | 1 |
| 2 | 1 | 4 | 3 |
| 3 | 2 | 1 | 4 |
| 1 | 4 | 3 | 2 |

初級 4×4 ⑦

| | | | |
|---|---|---|---|
| 3 | 4 | 1 | 2 |
| 2 | 3 | 4 | 1 |
| 4 | 1 | 2 | 3 |
| 1 | 2 | 3 | 4 |

初級 4×4 ⑧

| | | | |
|---|---|---|---|
| 2 | 1 | 4 | 3 |
| 3 | 4 | 2 | 1 |
| 1 | 2 | 3 | 4 |
| 4 | 3 | 1 | 2 |

初級 4×4 ⑨

| | | | |
|---|---|---|---|
| 3 | 2 | 4 | 1 |
| 1 | 4 | 2 | 3 |
| 2 | 1 | 3 | 4 |
| 4 | 3 | 1 | 2 |

初級 4×4 ⑩

| | | | |
|---|---|---|---|
| 1 | 4 | 2 | 3 |
| 3 | 2 | 4 | 1 |
| 4 | 3 | 1 | 2 |
| 2 | 1 | 3 | 4 |

中級 5×5 ①

| | | | | |
|---|---|---|---|---|
| 3 | 2 | 5 | 4 | 1 |
| 5 | 3 | 1 | 2 | 4 |
| 2 | 5 | 4 | 1 | 3 |
| 4 | 1 | 2 | 3 | 5 |
| 1 | 4 | 3 | 5 | 2 |

中級 5×5 ②

| | | | | |
|---|---|---|---|---|
| 5 | 4 | 3 | 1 | 2 |
| 4 | 3 | 1 | 2 | 5 |
| 2 | 5 | 4 | 3 | 1 |
| 1 | 2 | 5 | 4 | 3 |
| 3 | 1 | 2 | 5 | 4 |

中級 5×5 ③

| | | | | |
|---|---|---|---|---|
| 5 | 1 | 4 | 2 | 3 |
| 4 | 2 | 3 | 1 | 5 |
| 1 | 4 | 5 | 3 | 2 |
| 2 | 3 | 1 | 5 | 4 |
| 3 | 5 | 2 | 4 | 1 |

中級 5×5 ④

| | | | | |
|---|---|---|---|---|
| 1 | 3 | 5 | 2 | 4 |
| 2 | 5 | 1 | 4 | 3 |
| 4 | 2 | 3 | 1 | 5 |
| 5 | 1 | 4 | 3 | 2 |
| 3 | 4 | 2 | 5 | 1 |

**中級** 5×5 ⑤

| | | | | |
|---|---|---|---|---|
| 2 | 4 | 5 | 3 | 1 |
| 1 | 3 | 2 | 5 | 4 |
| 4 | 5 | 3 | 1 | 2 |
| 3 | 2 | 1 | 4 | 5 |
| 5 | 1 | 4 | 2 | 3 |

**中級** 5×5 ⑥

| | | | | |
|---|---|---|---|---|
| 5 | 1 | 4 | 2 | 3 |
| 1 | 4 | 5 | 3 | 2 |
| 3 | 5 | 2 | 1 | 4 |
| 4 | 2 | 3 | 5 | 1 |
| 2 | 3 | 1 | 4 | 5 |

**中級** 5×5 ⑦

| | | | | |
|---|---|---|---|---|
| 4 | 2 | 5 | 3 | 1 |
| 3 | 5 | 2 | 1 | 4 |
| 1 | 4 | 3 | 5 | 2 |
| 5 | 1 | 4 | 2 | 3 |
| 2 | 3 | 1 | 4 | 5 |

**中級** 5×5 ⑧

| | | | | |
|---|---|---|---|---|
| 1 | 4 | 3 | 2 | 5 |
| 5 | 2 | 4 | 1 | 3 |
| 3 | 5 | 2 | 4 | 1 |
| 4 | 1 | 5 | 3 | 2 |
| 2 | 3 | 1 | 5 | 4 |

**中級** 5×5 ⑨

| | | | | |
|---|---|---|---|---|
| 2 | 3 | 5 | 4 | 1 |
| 1 | 4 | 2 | 5 | 3 |
| 4 | 1 | 3 | 2 | 5 |
| 3 | 5 | 4 | 1 | 2 |
| 5 | 2 | 1 | 3 | 4 |

**中級** 5×5 ⑩

| | | | | |
|---|---|---|---|---|
| 5 | 3 | 4 | 2 | 1 |
| 3 | 5 | 2 | 1 | 4 |
| 4 | 2 | 1 | 3 | 5 |
| 1 | 4 | 3 | 5 | 2 |
| 2 | 1 | 5 | 4 | 3 |

中級 6×6 ①

| | | | | | |
|---|---|---|---|---|---|
| 5 | 1 | 3 | 2 | 6 | 4 |
| 1 | 3 | 4 | 6 | 2 | 5 |
| 3 | 5 | 6 | 4 | 1 | 2 |
| 2 | 4 | 1 | 3 | 5 | 6 |
| 4 | 6 | 2 | 5 | 3 | 1 |
| 6 | 2 | 5 | 1 | 4 | 3 |

中級 6×6 ②

| | | | | | |
|---|---|---|---|---|---|
| 1 | 4 | 3 | 2 | 5 | 6 |
| 6 | 5 | 4 | 1 | 2 | 3 |
| 2 | 3 | 5 | 6 | 1 | 4 |
| 5 | 2 | 6 | 4 | 3 | 1 |
| 3 | 6 | 1 | 5 | 4 | 2 |
| 4 | 1 | 2 | 3 | 6 | 5 |

中級 6×6 ③

| | | | | | |
|---|---|---|---|---|---|
| 2 | 5 | 4 | 3 | 1 | 6 |
| 4 | 3 | 1 | 2 | 6 | 5 |
| 3 | 1 | 6 | 5 | 4 | 2 |
| 1 | 6 | 5 | 4 | 2 | 3 |
| 6 | 2 | 3 | 1 | 5 | 4 |
| 5 | 4 | 2 | 6 | 3 | 1 |

中級 6×6 ④

| | | | | | |
|---|---|---|---|---|---|
| 3 | 6 | 5 | 4 | 2 | 1 |
| 4 | 3 | 2 | 5 | 1 | 6 |
| 2 | 4 | 1 | 6 | 3 | 5 |
| 1 | 5 | 3 | 2 | 6 | 4 |
| 6 | 1 | 4 | 3 | 5 | 2 |
| 5 | 2 | 6 | 1 | 4 | 3 |

中級 6×6 ⑤

| | | | | | |
|---|---|---|---|---|---|
| 1 | 2 | 5 | 3 | 6 | 4 |
| 4 | 6 | 3 | 5 | 1 | 2 |
| 5 | 1 | 4 | 6 | 2 | 3 |
| 6 | 4 | 1 | 2 | 3 | 5 |
| 2 | 3 | 6 | 4 | 5 | 1 |
| 3 | 5 | 2 | 1 | 4 | 6 |

中級 6×6 ⑥

| | | | | | |
|---|---|---|---|---|---|
| 2 | 5 | 6 | 3 | 4 | 1 |
| 3 | 4 | 5 | 1 | 2 | 6 |
| 1 | 6 | 3 | 4 | 5 | 2 |
| 4 | 3 | 2 | 6 | 1 | 5 |
| 6 | 2 | 1 | 5 | 3 | 4 |
| 5 | 1 | 4 | 2 | 6 | 3 |

中級 6×6 ⑦

| | | | | | |
|---|---|---|---|---|---|
| 3 | 5 | 4 | 2 | 1 | 6 |
| 2 | 4 | 3 | 6 | 5 | 1 |
| 6 | 1 | 2 | 4 | 3 | 5 |
| 5 | 2 | 6 | 1 | 4 | 3 |
| 1 | 6 | 5 | 3 | 2 | 4 |
| 4 | 3 | 1 | 5 | 6 | 2 |

中級 6×6 ⑧

| | | | | | |
|---|---|---|---|---|---|
| 1 | 4 | 6 | 5 | 3 | 2 |
| 4 | 5 | 2 | 1 | 6 | 3 |
| 2 | 3 | 1 | 6 | 4 | 5 |
| 3 | 6 | 5 | 4 | 2 | 1 |
| 5 | 2 | 4 | 3 | 1 | 6 |
| 6 | 1 | 3 | 2 | 5 | 4 |

中級 6×6 ⑨

| | | | | | |
|---|---|---|---|---|---|
| 1 | 5 | 4 | 2 | 3 | 6 |
| 4 | 3 | 5 | 6 | 1 | 2 |
| 3 | 6 | 2 | 4 | 5 | 1 |
| 5 | 4 | 6 | 1 | 2 | 3 |
| 6 | 2 | 1 | 3 | 4 | 5 |
| 2 | 1 | 3 | 5 | 6 | 4 |

中級 6×6 ⑩

| | | | | | |
|---|---|---|---|---|---|
| 6 | 1 | 4 | 5 | 3 | 2 |
| 1 | 6 | 3 | 2 | 5 | 4 |
| 5 | 4 | 6 | 1 | 2 | 3 |
| 2 | 3 | 1 | 4 | 6 | 5 |
| 3 | 2 | 5 | 6 | 4 | 1 |
| 4 | 5 | 2 | 3 | 1 | 6 |

上級 7×7 ①

| | | | | | | |
|---|---|---|---|---|---|---|
| 1 | 2 | 7 | 4 | 5 | 6 | 3 |
| 4 | 6 | 5 | 2 | 1 | 3 | 7 |
| 3 | 5 | 6 | 7 | 4 | 1 | 2 |
| 6 | 3 | 4 | 1 | 2 | 7 | 5 |
| 5 | 7 | 1 | 3 | 6 | 2 | 4 |
| 7 | 4 | 2 | 6 | 3 | 5 | 1 |
| 2 | 1 | 3 | 5 | 7 | 4 | 6 |

上級 7×7 ②

| | | | | | | |
|---|---|---|---|---|---|---|
| 6 | 2 | 7 | 3 | 4 | 5 | 1 |
| 4 | 3 | 6 | 2 | 1 | 7 | 5 |
| 1 | 7 | 5 | 4 | 2 | 3 | 6 |
| 5 | 1 | 2 | 7 | 3 | 6 | 4 |
| 3 | 4 | 1 | 5 | 6 | 2 | 7 |
| 7 | 6 | 3 | 1 | 5 | 4 | 2 |
| 2 | 5 | 4 | 6 | 7 | 1 | 3 |

上級 7×7 ③

| | | | | | | |
|---|---|---|---|---|---|---|
| 7 | 2 | 4 | 3 | 5 | 6 | 1 |
| 5 | 6 | 1 | 4 | 2 | 3 | 7 |
| 4 | 5 | 3 | 7 | 6 | 1 | 2 |
| 6 | 7 | 2 | 1 | 3 | 5 | 4 |
| 1 | 4 | 6 | 5 | 7 | 2 | 3 |
| 3 | 1 | 5 | 2 | 4 | 7 | 6 |
| 2 | 3 | 7 | 6 | 1 | 4 | 5 |

上級 7×7 ④

| | | | | | | |
|---|---|---|---|---|---|---|
| 5 | 7 | 2 | 6 | 1 | 4 | 3 |
| 7 | 4 | 5 | 3 | 2 | 6 | 1 |
| 4 | 6 | 1 | 2 | 3 | 5 | 7 |
| 1 | 3 | 4 | 5 | 6 | 7 | 2 |
| 3 | 1 | 6 | 4 | 7 | 2 | 5 |
| 2 | 5 | 3 | 7 | 4 | 1 | 6 |
| 6 | 2 | 7 | 1 | 5 | 3 | 4 |

上級 7×7 ⑤

| | | | | | | |
|---|---|---|---|---|---|---|
| 6 | 4 | 1 | 5 | 3 | 2 | 7 |
| 2 | 5 | 6 | 7 | 4 | 3 | 1 |
| 7 | 1 | 5 | 4 | 2 | 6 | 3 |
| 1 | 3 | 4 | 2 | 7 | 5 | 6 |
| 5 | 2 | 3 | 6 | 1 | 7 | 4 |
| 3 | 6 | 7 | 1 | 5 | 4 | 2 |
| 4 | 7 | 2 | 3 | 6 | 1 | 5 |

上級 7×7 ⑥

| | | | | | | |
|---|---|---|---|---|---|---|
| 4 | 1 | 5 | 3 | 7 | 6 | 2 |
| 5 | 3 | 7 | 2 | 4 | 1 | 6 |
| 6 | 4 | 2 | 7 | 3 | 5 | 1 |
| 3 | 2 | 6 | 5 | 1 | 4 | 7 |
| 1 | 7 | 4 | 6 | 2 | 3 | 5 |
| 2 | 5 | 3 | 1 | 6 | 7 | 4 |
| 7 | 6 | 1 | 4 | 5 | 2 | 3 |

上級 7×7 ⑦

| | | | | | | |
|---|---|---|---|---|---|---|
| 2 | 1 | 7 | 5 | 6 | 4 | 3 |
| 3 | 5 | 2 | 1 | 4 | 7 | 6 |
| 1 | 2 | 5 | 4 | 3 | 6 | 7 |
| 5 | 7 | 4 | 6 | 2 | 3 | 1 |
| 6 | 4 | 1 | 3 | 7 | 2 | 5 |
| 7 | 3 | 6 | 2 | 5 | 1 | 4 |
| 4 | 6 | 3 | 7 | 1 | 5 | 2 |

上級 7×7 ⑧

| | | | | | | |
|---|---|---|---|---|---|---|
| 3 | 7 | 4 | 2 | 6 | 1 | 5 |
| 7 | 4 | 6 | 3 | 1 | 5 | 2 |
| 2 | 6 | 5 | 1 | 7 | 4 | 3 |
| 4 | 1 | 2 | 5 | 3 | 6 | 7 |
| 6 | 5 | 3 | 4 | 2 | 7 | 1 |
| 1 | 3 | 7 | 6 | 5 | 2 | 4 |
| 5 | 2 | 1 | 7 | 4 | 3 | 6 |

上級 7×7 ⑨

| | | | | | | |
|---|---|---|---|---|---|---|
| 6 | 5 | 7 | 1 | 2 | 3 | 4 |
| 2 | 4 | 5 | 6 | 7 | 1 | 3 |
| 4 | 3 | 6 | 7 | 1 | 5 | 2 |
| 5 | 1 | 3 | 2 | 4 | 6 | 7 |
| 1 | 7 | 4 | 5 | 3 | 2 | 6 |
| 3 | 6 | 2 | 4 | 5 | 7 | 1 |
| 7 | 2 | 1 | 3 | 6 | 4 | 5 |

上級 7×7 ⑩

| | | | | | | |
|---|---|---|---|---|---|---|
| 2 | 6 | 3 | 1 | 7 | 4 | 5 |
| 6 | 5 | 7 | 2 | 4 | 3 | 1 |
| 4 | 7 | 2 | 5 | 6 | 1 | 3 |
| 3 | 2 | 1 | 6 | 5 | 7 | 4 |
| 5 | 1 | 4 | 7 | 3 | 2 | 6 |
| 1 | 4 | 5 | 3 | 2 | 6 | 7 |
| 7 | 3 | 6 | 4 | 1 | 5 | 2 |

上級 8×8 ①

| | | | | | | | |
|---|---|---|---|---|---|---|---|
| 4 | 8 | 6 | 1 | 5 | 7 | 3 | 2 |
| 2 | 6 | 5 | 7 | 4 | 1 | 8 | 3 |
| 1 | 5 | 3 | 8 | 7 | 2 | 4 | 6 |
| 8 | 7 | 2 | 3 | 6 | 4 | 5 | 1 |
| 6 | 3 | 4 | 2 | 8 | 5 | 1 | 7 |
| 7 | 4 | 1 | 5 | 3 | 6 | 2 | 8 |
| 3 | 1 | 7 | 4 | 2 | 8 | 6 | 5 |
| 5 | 2 | 8 | 6 | 1 | 3 | 7 | 4 |

上級 8×8 ②

| | | | | | | | |
|---|---|---|---|---|---|---|---|
| 8 | 2 | 3 | 7 | 1 | 4 | 6 | 5 |
| 4 | 6 | 5 | 8 | 7 | 1 | 3 | 2 |
| 1 | 8 | 7 | 3 | 6 | 2 | 5 | 4 |
| 7 | 3 | 2 | 6 | 5 | 8 | 4 | 1 |
| 2 | 1 | 4 | 5 | 3 | 6 | 7 | 8 |
| 5 | 4 | 6 | 1 | 8 | 3 | 2 | 7 |
| 6 | 7 | 8 | 4 | 2 | 5 | 1 | 3 |
| 3 | 5 | 1 | 2 | 4 | 7 | 8 | 6 |

上級 8×8 ③

| | | | | | | | |
|---|---|---|---|---|---|---|---|
| 2 | 1 | 8 | 4 | 6 | 3 | 5 | 7 |
| 5 | 4 | 6 | 2 | 1 | 7 | 3 | 8 |
| 4 | 8 | 7 | 3 | 5 | 6 | 2 | 1 |
| 3 | 2 | 1 | 6 | 8 | 4 | 7 | 5 |
| 1 | 7 | 4 | 5 | 2 | 8 | 6 | 3 |
| 7 | 6 | 5 | 8 | 3 | 2 | 1 | 4 |
| 6 | 5 | 3 | 7 | 4 | 1 | 8 | 2 |
| 8 | 3 | 2 | 1 | 7 | 5 | 4 | 6 |

上級 8×8 ④

| | | | | | | | |
|---|---|---|---|---|---|---|---|
| 6 | 5 | 4 | 3 | 2 | 7 | 1 | 8 |
| 7 | 6 | 1 | 8 | 3 | 5 | 4 | 2 |
| 4 | 1 | 5 | 2 | 6 | 8 | 3 | 7 |
| 3 | 7 | 6 | 4 | 8 | 1 | 2 | 5 |
| 5 | 8 | 2 | 6 | 1 | 3 | 7 | 4 |
| 1 | 3 | 7 | 5 | 4 | 2 | 8 | 6 |
| 2 | 4 | 8 | 1 | 7 | 6 | 5 | 3 |
| 8 | 2 | 3 | 7 | 5 | 4 | 6 | 1 |

上級 8×8 ⑤

| | | | | | | | |
|---|---|---|---|---|---|---|---|
| 7 | 1 | 5 | 4 | 8 | 3 | 2 | 6 |
| 1 | 6 | 8 | 2 | 3 | 5 | 7 | 4 |
| 4 | 8 | 1 | 6 | 2 | 7 | 5 | 3 |
| 6 | 2 | 7 | 3 | 5 | 4 | 1 | 8 |
| 2 | 5 | 4 | 7 | 6 | 8 | 3 | 1 |
| 8 | 7 | 3 | 5 | 1 | 6 | 4 | 2 |
| 5 | 3 | 2 | 8 | 4 | 1 | 6 | 7 |
| 3 | 4 | 6 | 1 | 7 | 2 | 8 | 5 |

上級 8×8 ⑥

| | | | | | | | |
|---|---|---|---|---|---|---|---|
| 5 | 8 | 4 | 7 | 1 | 6 | 2 | 3 |
| 7 | 3 | 6 | 8 | 5 | 2 | 1 | 4 |
| 2 | 7 | 1 | 3 | 8 | 5 | 4 | 6 |
| 1 | 4 | 8 | 5 | 7 | 3 | 6 | 2 |
| 3 | 2 | 5 | 4 | 6 | 7 | 8 | 1 |
| 4 | 1 | 2 | 6 | 3 | 8 | 5 | 7 |
| 6 | 5 | 3 | 2 | 4 | 1 | 7 | 8 |
| 8 | 6 | 7 | 1 | 2 | 4 | 3 | 5 |

上級 8×8 ⑦

| | | | | | | | |
|---|---|---|---|---|---|---|---|
| 1 | 8 | 7 | 5 | 6 | 3 | 2 | 4 |
| 2 | 5 | 6 | 3 | 1 | 4 | 7 | 8 |
| 6 | 7 | 1 | 4 | 8 | 2 | 5 | 3 |
| 3 | 6 | 8 | 7 | 2 | 1 | 4 | 5 |
| 5 | 4 | 3 | 2 | 7 | 8 | 1 | 6 |
| 8 | 2 | 4 | 6 | 5 | 7 | 3 | 1 |
| 4 | 1 | 2 | 8 | 3 | 5 | 6 | 7 |
| 7 | 3 | 5 | 1 | 4 | 6 | 8 | 2 |

上級 8×8 ⑧

| | | | | | | | |
|---|---|---|---|---|---|---|---|
| 7 | 6 | 1 | 4 | 5 | 3 | 2 | 8 |
| 1 | 8 | 2 | 3 | 6 | 7 | 5 | 4 |
| 6 | 2 | 3 | 5 | 4 | 1 | 8 | 7 |
| 5 | 1 | 4 | 7 | 8 | 6 | 3 | 2 |
| 3 | 4 | 8 | 6 | 1 | 2 | 7 | 5 |
| 8 | 5 | 6 | 2 | 7 | 4 | 1 | 3 |
| 4 | 3 | 7 | 8 | 2 | 5 | 6 | 1 |
| 2 | 7 | 5 | 1 | 3 | 8 | 4 | 6 |

上級 8×8 ⑨

| | | | | | | | |
|---|---|---|---|---|---|---|---|
| 3 | 7 | 5 | 4 | 6 | 8 | 2 | 1 |
| 6 | 1 | 8 | 5 | 2 | 3 | 7 | 4 |
| 4 | 5 | 3 | 6 | 1 | 7 | 8 | 2 |
| 5 | 2 | 4 | 8 | 7 | 1 | 3 | 6 |
| 1 | 6 | 2 | 3 | 8 | 5 | 4 | 7 |
| 7 | 3 | 1 | 2 | 4 | 6 | 5 | 8 |
| 2 | 8 | 7 | 1 | 5 | 4 | 6 | 3 |
| 8 | 4 | 6 | 7 | 3 | 2 | 1 | 5 |

上級 8×8 ⑩

| | | | | | | | |
|---|---|---|---|---|---|---|---|
| 8 | 5 | 6 | 7 | 3 | 4 | 1 | 2 |
| 4 | 8 | 2 | 5 | 7 | 3 | 6 | 1 |
| 2 | 7 | 1 | 6 | 4 | 5 | 8 | 3 |
| 6 | 2 | 8 | 3 | 5 | 1 | 7 | 4 |
| 7 | 4 | 3 | 8 | 1 | 6 | 2 | 5 |
| 5 | 1 | 7 | 4 | 8 | 2 | 3 | 6 |
| 3 | 6 | 4 | 1 | 2 | 7 | 5 | 8 |
| 1 | 3 | 5 | 2 | 6 | 8 | 4 | 7 |

考える力を育てる
# 天才プログラミングパズル


発行日　2021年2月20日　第1刷

Author　西嶋孝文

Book Designer　轡田昭彦＋坪井朋子
Illustrator　村越昭彦

Publication　株式会社ディスカヴァー・トゥエンティワン
〒102-0093　東京都千代田区平河町2-16-1　平河町森タワー11F
TEL 03-3237-8321（代表）　03-3237-8345（営業）
FAX 03-3237-8323
https://d21.co.jp/

Publisher　谷口奈緒美
Editor　三谷祐一　牧野類　（企画協力：おかのきんや／企画のたまご屋さん）

Store Sales Company　梅本翔太　飯田智樹　古矢薫　佐藤昌幸　青木翔平　小木曽礼丈　小山怜那　川本寛子　佐竹祐哉　佐藤淳基　竹内大貴　直林実咲　野村美空　廣内悠理　井澤徳子　藤井かおり　藤井多穂子　町田加奈子

Online Sales Company　三輪真也　榊原僚　磯部隆　伊東佑真　川島理　高橋雛乃　滝口景太郎　宮田有利子　石橋佐知子

Product Company　大山聡子　大竹朝子　岡本典子　小関勝則　千葉正幸　原典宏　藤田浩芳　王廳　小田木もも　倉田華　佐々木玲奈　佐藤サラ圭　志摩麻衣　杉田彰子　辰巳佳衣　谷中卓　橋本莉奈　林拓馬　元木優子　安永姫菜　山中麻吏　渡辺基志　小石亜季　伊藤香　葛目美枝子　鈴木洋子　畑野衣見

Business Solution Company　蛯原昇　安永智洋　志摩晃司　早水真吾　野﨑竜海　野中保奈美　野村美紀　林秀樹　三角真穂　南健一　村尾純司

Ebook Company　松原史与志　中島俊平　越野志絵良　斎藤悠人　庄司知世　西川なつか　小田孝文　中澤泰宏

Corporate Design Group　大星多聞　堀部直人　岡村浩明　井筒浩　井上竜之介　奥田千晶　田中亜紀　福永友紀　山田諭志　池田望　石光まゆ子　齋藤朋子　福田章平　俵敬子　丸山香織　宮崎陽子　青木涼馬　岩城萌花　大竹美和　越智佳奈子　北村明友　副島杏南　田中真悠　田山礼真　津野主揮　永尾祐人　中西花　西方裕人　羽地夕夏　原田愛穂　平池輝　星明里　松川実夏　松ノ下直輝　八木眸

Proofreader　文字工房燦光
DTP　轡田昭彦＋坪井朋子
Printing　日経印刷株式会社





ISBN978-4-7993-2705-0